『十二五』国家重点图书出版规划项目

国家出版基金资助项目

国家出版基金项目
NATIONAL PUBLICATION FOUNDATION

民国乡村建设

晏阳初

华西实验区档案选编·经济建设实验

⑦

目录

二、农业（续）

种植业与防虫·甜橙果实蝇防治·工作报告、标语（续）

华西实验区江津甜橙果实蝇防治队第十六分队总工作报告书 …… 二九六七
华西实验区甜橙果实蝇防治队第九分队工作总报告书 …… 二九八五
华西实验区甜橙果实蝇防治队第四区队第十六分队工作报告书 …… 三〇一一
华西实验区甜橙果实蝇防治队第八分队（和平乡）工作总报告 …… 三〇三〇
华西实验区江津仁沱乡蛆防二分队工作总报告书（一九四九年十月） …… 三一二七
华西实验区甜橙果实蝇防治队工作报告（一九四九年七月至九月） …… 三一九三
华西实验区蛆柑防治队第三区队第十二分队工作报告 …… 三二八九
华西实验区江津蛆柑防治队第四分队工作报告书 …… 三三二五
华西实验区江津西湖乡甜橙果实蝇防治队工作报告 …… 三三四九
华西实验区甜橙果实蝇防治队仁沱乡果园位置调查表 …… 三四〇二
江津甜橙病虫害防治、产销情况报告及发展江津甜橙事业意见残件（一九五〇年六月二十一日） …… 三四一〇

种植业与防虫·甜橙果实蝇防治·公文、信件

巴县第三辅导区办事处为呈请派柑橘病虫害专家莅乡防治一事与华西实验区办事处的往来报告、通知（附：柑橘最常见之病虫害及防治法）……三四二三
华西实验区甜橙果实蝇防治总队为检发工作报告格式事宜致第七分队通知……三四三〇
华西实验区甜橙果实蝇防治总队为通知该队工作延至十月十五日结束致第七分队通知……三四三一
华西实验区甜橙果实蝇防治总队为请在江津县龙山乡开设辅导区事宜呈华西实验区办事处函……三四三二
一九四九年七月至十月华西实验区甜橙果实蝇防治总队为日常业务管理事宜给西湖乡第五分队的通知等……三四三四
华西实验区甜橙果实蝇防治总队为日常业务管理事宜致西湖乡第七分队通知……三四七四
一九四九年八月至十月华西实验区甜橙果实蝇防治总队给各分队通知等……三四七七

华西实验区江津甜橙果实蝇防治队第十六分队总工作报告书　9-1-155（117）

72

總工作報告書

中華平民教育促進會華西實驗區江津甜橙果實蠅防治隊第十六分隊製

华西实验区江津甜橙果实蝇防治队第十六分队总工作报告书 9-1-155（118）

73

中華平民教育促進會華西实驗區江津甜橙果實蝇防治隊第十六分隊總工作報告書目次：

第一章 緒言
第二章 工作環境之認識
第一節 地理環境之認識
第二節 人事環境之認識
第三章 甜橙經營概述
第一節 高牙鄉之土質
第二節 高牙鄉甜橙栽培之特殊現象
第三節 品種
第四節 病虫害
第五節 採取處理
第六節 市場

第七節　果農們的痛苦

第四章　工作經過概述

第一節　大隊工作之各階段

第二節　果農反應之一般

第五章　總結

74

第一章 绪言

此次平教會華西实驗区為發動鄉村建設学院及农专科以上的青年学生赴江津為千百户经营甜橙之果农展開殺滅及傳授如何殺滅果实蝇的偉大工作，頗引起一般社會人士的注意和稱道！

本隊派駐江津縣高牙鄉為時三月餘，仝人等鑒於此次工作之艱巨，咸能尽心竭力履行并企圖完成所應負之任務，以期有利於民，無愧於工作也！

故自工作肇始以来，無論農村情況、農民生活、柑橘经營等問題，無時無刻不在细心觀察與探讨。今特届結束，僅將所見所聞，及應興應革之事，具諸報告，俾便察見於當道者也。

第二章 工作環境之認識

第一節：地理環境之概述

高牙鄉為本隊工作區劃中最接近縣城之一鄉，全鄉丘陵起伏，土質肥沃，為稻作及蔬菜作物最佳之地區；尔為柑橘生長較合宜之地，故自近年以來，接踵而起經營甜橙者，日盛一日，眞有所謂「蒸蒸日上」之現象！

本鄉東界仁沱，東北界順江，北界揚子江流域，西北界縣城，西界淋柳，南界先峰，東南界樊溪；全鄉共轄十七保

华西实验区江津甜橙果实蝇防治队第十六分队总工作报告书 9-1-155（123）

75

六百餘户人家；然现已開始经营柑橘者，僅一、二、三、四、五、六、七、十六、十七诸保而已。计種植甜橙者一百六十餘户，面積一千餘畝，株數二萬餘株，就江津各鄉生產而言之，実有“後来居上”之趋势！

第二節 人事環境之認識

高牙以接近縣城之故，是以豪富劣绅特多，而豪富劣绅每以擴張其權势，故而釀成之派系及於牙也不在少數，因之人事関係上甚為複雜，而對於本隊之工作直接间接也多有阻撓；

全鄉首要之派系计有：（一）由廖海涛執掌而最能全鄉

優勢之老派（二）由李光輝執掌而稍遜於梁泉之新派（三）由古海清執掌之鎏實社。

各派利益觀點不同，故常有爭執，此次本隊工作，尚幸事前準備完善，各派果均予支助，故能順利進行，未被中斷也。

第三章 甜橙經營概述

第一節 高牙鄉的土質

種植甜橙以砂質壤土為最佳，而高牙鄉的土質，百分之六十以上均為黃褐色的砂質壤土，故對甜橙之栽培，頗為合宜，兼之為起伏之邱陵地，斜度不太大，故自然的條件已決定該區為甜橙發展之地區，是以近年栽種者特多。

76

第二節　高牙鄉甜橙栽培之特殊現象

高牙鄉甜橙栽培之特殊現象計有：（一）經營者之所有權占百分之八十為自耕農（二）果農間每單位經營之株數差額懸殊；多者擁有七八千株，少者僅十餘株（三）未成林者佔百分之六十，成齡者僅佔百分之四十，此顯示高牙鄉人民對甜橙之經營乃最近數年之事（四）經營甜橙之果農百分之七十以上為以此作副業（五）株行距約丈餘，正方形定植，整枝用長短鋸，於冬季採收後，雇工人為之，以適空氣流通陽光為原則，隨後將樹幹下之週之土挖開寬約尺餘，除根施肥，多用豬糞等氮肥施之。

病虫害防治方法，除天牛每年僱工人看捉，其幼虫用鉤殺法處理外；其他病虫害則全聽諸天命。但对煤病有用人工擦掉者。灌溉法則靠天，天乾时則用人工挑水灌溉。

第三節　品種

本區甜橙之品種，多為本地固有之品種，其果顆粒大，果酸含量適中，多汁而糖分富，為其特点。相傳多用種子繁殖，變異頗多，品質不齊一，果形有高圓、圓和扁圓，果皮有厚有薄，種子有多有少，厚皮之扁形多核味酸者居大多數。近年来已多有採用江津園藝示範場試育之中農一号鵝蛋種也。

华西实验区江津甜橙果实蝇防治队第十六分队总工作报告书 9-1-155（127）

77

第四節 病虫害

甜橙之病虫害甚多，茲舉要者如下：

虫害方面有：(一)中國柑橘果實蠅現為害情形已佔百分之五強，(二)銹蜘蛛，受害之情形佔百分之五，(三)瘤蜘蛛(四)紅臘介殼虫、矢尖介殼虫等，(五)柑橘蚜虫(六)柑橘潛葉蛾及潛蜂(七)天牛及其幼虫，為害情形佔百分之七十以上。

病害方面有：(一)柑桔瘡痂病，(二)煤病，(三)樹脂病，(四)黴病(五)蒂腐病等。

第五節 採收處理

甜橙之採收大多在太陽令(十一月中旬)前後採摘，採收工作多為雇用專業工人。用具為竹梯、竹簍、果剪等。採收後用籮筐運至銷售市場或儲藏庫；然後置於架上每日檢查至第二年一二月開始售賣。

第六節　市場

高牙甜橙銷售之市場，為江津縣城較大之園戶，或自運或合夥運至上海或長江沿岸之銷場。惟近年來，因時局轉變，遠運者已絕跡矣。

第七節　果農們的苦痛

經營甜橙事業，不是一件容易的事；在天時說來，難得土質適合，地勢匀使，氣候正常，風調雨順；在地理上說

78

來，地需要地位適當，交通方便。在人和上來說，地要勞力充裕，資金富厚。缺一都不足以把事業經營得好之意。

高牙鄉在條件上看來，既似有天時之利，又具有地利之便，如有人和一條件滿足，則甜橙之經營及發展之前途，實不堪想像。在本區內，果農所感到最重要的問題，莫過於肥料之欠缺，病蟲害之無力亦無法防治，儲藏運銷諸受之剝削太大等。

研究以上諸問題之發生，一以由於果農知識水準過低，而最大最關緊要者，就今人等觀之，實導于於一經濟能力之不足耳。蓋經濟充裕，則肥料不足

华西实验区江津甜橙果实蝇防治队第十六分队总工作报告书　9-1-155（130）

可以向肥料商購取。病虫害嚴重，可聘請專門人才設法防治或購買藥劑治療，至於儲藏運銷及剝削等問題，無一不迎刃而解矣。

所有之問題故多，但主要之關鍵在於經營甜橙之果農是否能從中獲得利潤。蓋果農之利潤愈多，果農之經濟力始能強固，經濟力足後，然後始可談改革！因經、社會之制度實為一切事宜興衰之母！

第四章 工作經過概述

第一節 本隊工作之分階段

此次本隊所有的工作之步驟，統係依照總隊部

79

所規定者，節錄如下：

（一）認識環境：自七月十九日起至七月廿一日止；本期首要之工作為對地方上人士之接洽與認識也。

（二）果園位置調查：自七月廿二日起至八月十五日止。本期首要之工作為調查各果園之位置，并繪製地圖，及製表果園位置調查表等。

（三）宣傳期：自八月二十二日起至工作完結時止，首要之工作在對果農講解此次本隊來為彼等服務之動機和目的，後期則為對果實蠅之習性及防治法等之宣傳。

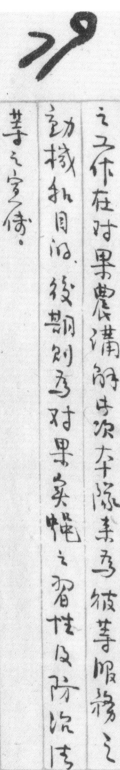

（四）果園概況調查及農業概況調查：自八月廿五日起至九月廿六日止，前項工作除調查各園户對農業及果園之情況外，在此項期間內，更召集全倖果農，成立全倖果農大會。

（五）摘受害果實：自九月廿七日至工作完結時止。

第二節 果農反應一般

此次工作，無論在動機上或目的上皆純為果農及國家民族之利益着眼，故對果農之利益上直接間接不無補償，但以目前農村所遭受之壓力來說，實又增加農民之痛苦，是故果農們對此工作，來表示十分之歡

80

通；但偉農民很注重現實、对此工作尚未表示反对、此實工作仝人之大幸也！

第五章 總結

此次工作、希望雖大、但因主觀与客觀條件之不健全、故成績並不顯著、此實工作仝人認為最負疚者、但此工作決不是一朝一日所能望有成功者、已往不諫、來者可追、望今後工作能本此次教訓而斟酌之、則前途未可量也。果能如此、則未嘗不為此次之獲益！

华西实验区江津甜橙果实蝇防治队第十六分队总工作报告书 9-1-155（134）

87

华西实验区甜橙果实蝇防治队第九分队工作总报告书　9-1-155（135）

九

工作總報告書

第九分隊製

华西实验区甜橙果实蝇防治队第九分队工作总报告书 9-1-155（136）

83

中華平民教育促進會
華西實驗區甜橙果實蠅防治隊第九分隊總报告書

目録

1. 工作預定
(1) 計劃
(2) 步驟
2. 工作進度
3. 生活狀況
4. 工作經驗
5. 工作困難及問題
6. 建議

华西实验区甜橙果实蝇防治队第九分队工作总报告书　9-1-155（137）

七、工作回憶

华西实验区甜橙果实蝇防治队第九分队工作总报告书　9-1-155（138）

86

中華平民教育促進會華西實驗區甜橙果實蝇防治隊第九分隊總報告

工　工作預定

一、計劃：

(一)設示範果園：先分區，在分區内設示範果園一塊，由本隊隊員任此親自採摘蛆柑，及本隊能力所及之一切病虫害之防除，並發動附近在所屬區内之果農同時開始採摘蛆柑工作。

(二)會同巴縣馬鬃鄉之駐鄉輔導員及民教主任，在社學區内發動傳習處導生及合作社社員與本隊同時開始工作，並由隊長联絡會同輔導員選定在每一社學區内設一示範果園，此由民教主任親身作防除蛆柑工作，並呈請總隊部發給藥品，在工作期內，得由本隊鄰近示範果園之工作人員輔導之。

(三)建議花果會加强原有組織，並出訂規約，發動園戶摘除蛆柑，此項工作，由分隊長會同區隊長，向花果會主席交涉，並限八月底以前能得一結果。

(四)由區隊長與分隊長會同參議員鄉長鄉民代表主席商談除蛆柑之具體辦法，呈請縣府明令凡有果園之園戶必須除虫，並限定日期開始工作，隨時派員督導。

二本隊工作步驟

(一)認識地方人士

85

(二)下鄉宣傳並參觀果園拜訪園户作果園位置之調查。

(三)繪果樹之分佈圖，並分定區域。

以上三項工作限八月二日以前完成

(四)準備調查：

A請何燦暉同學將下鄉所採之標本與常見之果樹病虫害之問題向同學解釋（調查表在內）a、病虫之生活史 b特点 c、為害情形 d、防治法 e、其他地帶發生之現象等。

B、請保長及花果會主席各造園主名冊一份：a、保別 b、甲別 c姓名 (d)株數 e小地名

C、每人要看調表三次以上，如發生問題即互相研討。

D、擬訂下鄉調查時與農民打交道之談話綱要與內容，每人各抄一份，（依照出外參觀宣傳拜訪之資料擬定）

E、每日晚飯後由隊長召集隊員商談調查應備事宜隊員不得因故缺席，並須記錄。

以上限八月十日以前完畢

(五)調查

A 每日調查半保，不論果樹之多少，路之遠近，每家園戶必得調查，不得抽漏或託人代查等情。

B、調查期間宣傳不得終止，且須同時並行。

C、調查時如遇農民不理無法調查者，當想法非調查出

华西实验区甜橙果实蝇防治队第九分队工作总报告书 9-1-155（142）

86

真實情形，不可因而敷衍，知难而退。

D 每調查兩日休息一日（休息日為逢場日）

E 調查之前一場通知保長以便解決臨時調查時諸小問題

F 每日調查表由隊長收領保管

（六）除蛆柑前之準備

A 將劃定之區域設示範果園一塊，由隊長會同隊員決定之，並取得區隊長之同意。

B、依照總隊部規定原則與示範果園園主訂約。

C、必要時可分成兩隊，分住不同區域內，分担組織農民除蛆工作及管理示範果園工作，並由隊長及伙食負責人接妥

住處炊膳等事項

D找定蛆坑位置，示範果園附近必設一油坑。

E製定摘柑果用具。a.袋 b.摘具 c.刀

(七)以上限九月十日以前完成

(七)開始除蛆柑工作（示範果園）

A園內所有廣柑樹編號，工作時才有秩序且便於記錄

B每日八時開始工作。

C每日填寫記錄表，早晨檢查已處理之蛆柑

D在摘時期，如遇其他虫害，隨時報告標本負責人，設法處理。

华西实验区甜橙果实蝇防治队第九分队工作总报告书 9-1-155（144）

87

Ⅱ工作進度

七月十八日 整理内務

七月十九日 拜訪劉李兩參議員及李莊兩鄉長。

七月二十日 參加江津巴縣兩馬鬃鄉防治蛆柑联合會議。

七月二十一日 準備宣傳資料

七月廿二至八月六日 宣傳及初步拜訪各園主

八月七日至九月二日 正式調查江津馬鬃鄉各園之户

九月三日至六日 正式調查巴縣馬鬃鄉各園之户

九月七日至八日 整理調查表

九月九日至十二日 繪製江巴兩縣馬鬃鄉果園位置分佈圖

华西实验区甜橙果实蝇防治队第九分队工作总报告书　9-1-155（145）

九月十三日至三十日　参加各保组织保果农分会及乡果农总会并决定示范果园位置。

十月一日至八日　督促各保挖杀虫坑及使用氯化苦与示范果园订约

十月十一日至十二日　返校

十月十三日至十五日　写总报告

四　生活状况

江津的一個偏僻的馬鬃鄉，我們在此工作了三個月，它不但給了我們許多社會經驗，而且給了我們心身上的許多磨鍊，更加（增）了我們堅定鄉村工作的信心，在我們的生活史上確是最

38

寶貴的一頁。

我們來到馬鬃鄉的第二天，就擬訂了生活規約，及作息時間表，我們的一舉一動，都遵照這個南針進行，沒有一個敢越違軌違法，而且相處得很和氣，這是我們感到自慰的。

我們住的地方是江津馬鬃鄉中心國民學校（同場尚有巴縣馬鬃鄉中心國民學校）也是古廟，廟內佛像雄偉，腐敗不堪，若碰到下雨，那就糟了，處處漏雨，我們的床鋪不知要遷移多少次，才能找到一塊乾的地方。初來時適逢暑假，每日除聽到暮鼓晨鐘外，便另無其他噪雜的声音，廟內寂靜得像深庵一般，住在這古庙裡，最感困难的，便是用水問題，偏偏天公不相助，一連個多月不下雨，我們每天要跑到距住宿四五華里的小井中去担水，如果機會碰得不好，便會空走一趟，因為往這個井裡担水的人實在太多了，加以道路崎嶇，上嶺下坡，使我們這三年担兩担水的老挑夫，挑上了這猴子式的担子，一步一步的往前進，自己不覺好笑而又慚愧。晚上我們拿着面盆，走到小井旁邊，以一盆一盆的冷水潑在熱烘烘的身上，另有一番風味，這就是洗澡。

中心國民學校開學了，我們又要搬家，搬到這個學校外邊的一棟破屋裡，同志們蓋的蓋瓦，補的補洞，刷的刷牆，足足

华西实验区甜橙果实蝇防治队第九分队工作总报告书 9-1-155（148）

地弄了两天，才把它弄得可以将就地住下去，這裡有一件值得一提的事情，就是劉松森張學準兩同志，爬在屋背上撿瓦，被炎热的太陽灼湯得起了泡，這種幹勁是值得我們欽佩的。

馬鬃梁全複雜，農民固執，誰個得知，加以地域廣大，工作確是困難，可是我們為了要工作，要為老百姓服務，抱定硬幹苦幹实幹的決心，每日在陽光烈日下，爬山越嶺，調查農業及果園概況，並以教育者的態度，去感化他們，當初他們雖然不免發生懷疑，後來経我多方的宣傳，替他們治柑橘上的虫害，不要他們的錢，不喫他們的飯，事實擺在面前，他們便逐一步的改觀了，漸漸對我們發生好感，這是我們在苦中所感到的一點樂趣。

我們的生活朝日在工作中，防蛆範雖然祇限於江津十六個產廣柑最多的鄉鎮，可是我們却附帶替巴縣馬鬃鄉也做了防蛆的工作，因此弄得我們毫無寒暇的時間，到各鄉去觀光，這是我們感遺憾的一點。

IV 工作経驗

A 鄉村社會複雜，農民固執，鄉村工作者，必須在未工作前對當地環境有所認識，且應具有教育者的態度，勞働者的体魄，交際家的手挽，刻苦，硬幹，實幹的精神，不為悪劣環境所征服，而是要去改造悪劣的社會，這样才能收到鄉

70

村工作的實效。

B、鄉村工作者必須要忘記自己的身份，也就是要鄉村化，多與農民接近，共同生活，尤須要有替他們解除困難的事實表現，來換取他們對我們的信任，建立深刻的友誼，切不可開空按支票，致使以後工作無法推行。

C、鄉村建設工作，決不是一躍而能成功的，必須因地制宜按步就班，循序漸進，才能收事半功倍之效。

D、鄉村老百姓，多関心於切身福利問題，鄉村工作，應以此問題開始，才能近得老百姓的信仰與関心。

E、鄉村工作者，必須要避去名利心，否則的話，鄉村工作無法推行。

下鄉村工作，是基層的工作，不光是與鄉鎮比較有名望的士紳接近，就可推行工作，而且要與農民多多接近，工作才能做到澈底。

Ⅴ 工作困難及問題

A、鄉村工作，若不與政治配合，推行時諸多困難，若與政治配合，而負下層行政責任的人，又多不負責，在這種情況下，究應採用何眩種方式。

B、鄉間「袍哥」勢力甚大，一般農民大都加入其組織，如欲推行工作，有時必須通過其組織，而掌「袍哥」大權之大爺，又多為老

91

奸巨猾之徒，對鄉村工作多不関心，在這種状况下，究應採用何種手段為佳。

C、一般農民對數字观念，大都含混，（如七八株）加以對調查者又多不說實話，所調查的資料，當然不大正確，這種不大正確的資料，是否具有調查之真正價值。

D、馬鬃鄉工作最感困難的，要祘地方人士了，他們對我們的工作一向平淡，你說他不関心嗎，他也曾為我們的工作努力，鄉長也曾經下過命令要保長開會，要下面的人執行，可是事實不如理想，其原因如下：

(a) 馬鬃賭風太盛，不管任何人士，都喜欢去賭錢，祇要他手中有牌的話，任何事情他都不管了，就是天垮了下來，他也要將牌打完結才逃，因此養成了不好做正事的心裡，對任何事情都用應付的手段，敷衍了事。

(b)馬鬃文化水準太低，關於這一點是當地自認的，也是往在馬鬃的外邊客人能感覺得到的，因為文化水準的不高，往往就會被別人利用，例如馬鬃的神會就最多了，一年總要做六七回大會，每次大會總要花去黃谷數拾石，這些耗費的黃谷都由老百姓捐的，因此他們把蛆柑的蟲害，認為天意而非人為所能除掉的。

(c)鄉下老百姓平時受欺騙的次數太多，以為我們又是騙他

92

的，因此對我們不信任。

D 蛆柑不嚴重，農民大多尚未遭受其害，因此對防蛆工作很平淡。

VI 建議

A、調查表上應記之數目單位，應有明確之規定，以求一致，而免混亂。

B、氯化苦為殺老木虫（天牛）之良藥，請設法能在美國大批購買，分賣給各園户，並編製使用氯化苦説明書，分發各果農。

C、明年如繼續防蛆工作，各隊工作人員，應以地域之廣狹蛆害之百分数為標準，決定工作人數之多寡，以求勞逸平均，而利工作推行。

E、各鄉果農會（或用其他的名字）既已成立，區辦事處，縣政府應隨時督促其工作，並考核其成績，以免成為空設機構。

F、江津為產廣柑之區，民教讀本應加入關於廣柑病虫害之防除方法及儲藏運銷等之常識，以增加果農對廣柑之普通知識。

G、示範果園為全鄉之榜樣，區辦事處應令各民教主任特別留意

93

VII 工作之回憶

A 宣傳：採用街頭宣傳、坐茶館宣傳、壁报宣傳三種。

B. 認識環境：(一)初次拜訪、由張遠定領導集团拜訪李参議員李鄉長及鄉民代表余主席，他們表面上對我們的防蛆工作很欢迎，且願意幫忙我們(二)集团下鄉直接拜訪园主、園主們的反應有三种 1.對防蛆工作無所謂 2.欢迎 3.反對，其中欢迎者佔極少数 (三)未拜訪時未與保甲長取得联絡，因而空費了許多人力。

C. 調查：因為馬鬃地域廣大（江津馬鬃鄉十三保巴縣

馬鬃鄉五保）所以不能早點動手，其進行的步驟是這樣的在江津方面先通知應調查之保之保長由保長通知該保甲長及開一個會，說明我們的來歷及蛆柑之可怕等情形，然後由甲長領導我們挨户調查。在開會時沒有一保能將園户召集起來，這是使我感到最頭痛的一點，調查時分三組按照保長所開的園户進行，我們的中餐，最初是帶背着米，在農家煮食，因為發生他們不願接受我們的米和錢，於是我們改用每人帶二三枚鷄做中午充飢用，到晚上才返隊大喫，以補中餐之不足。

調查期內，農民對表格上家畜欄，發生極大的懷疑，他

94

由此推測我們是這樣那樣，我想這個問題，每隊都會遭到的吧，於調查時也遇到反對我們的果農，我們採用教育的方式，說了再說，希望他了解，遇萬一遇到死不開通的果農，我們祇好告辭下次再來，或者請別人轉告他，請他放心，我們不是這樣，也不是那樣，我們是為他們才來的。

至於巴縣馬鬃鄉的調查工作，由巴縣十二輔導區的四個民教主任隨同前往，遇到的困難比較少而順利。

D、組織果農、江津方面，隊內同仁覺得先由保組織而後鄉的組織，可是实行時实在行不通，於是我們再與鄉長參議員等商議，先組織鄉果農總會，然後由

华西实验区甜橙果实蝇防治队第九分队工作总报告书　9-1-155（159）

該會派二人，到各保組織保果農會，我們隨同到席負責解釋，等到各保保果農會組織就緒後，即開成立大會。

（二）巴縣方面：巴縣已用區，有輔導員及民教主任，同時原来就有一個花果會的組織，於是我們會同區輔導員及原有花果會負責人商討，将原有組織擴大，而改為防蛆會。

三、打坑：

（一）江津方面：我們分成三組工作，每組一天一保，又分别的到各園户家去劝其挖坑和注意蛆柑不讓它落地並記下他們所用的殺蛆方法，同時請果農會切实执行。

95

(二)巴縣方面：因為時間的不够，馬上就要離開，所以我們就没有分別到各園户訪問殺蛆的方法，祇将打坑的事情告訴他們的果農會負責人，要他們实行。

在打坑期內，我們感覺果農們比從前好得多了，他們對我們的工作也極表欢迎，例如有位果農在我們初去時他造我們的謠，說我們是抽廣柑税的，可是我們這次到他家裡去時，他已将蛆柑放在石灰缸內處理了，而且欢迎我們去替他治老木虫。

三、結束：到結束時期，正值打坑期之中段，所以採果發油查坑督促採蛆柑等工作都交給民教主任負責辦理。

华西实验区甜橙果实蝇防治队第四区队第十六分队工作报告书　9-1-155（161）

96

中華平民教育促進會華西实验区

甜橙果實蝇防治隊第四區隊第十六分隊工作報告書

江津縣高牙鄉第十六分隊製

27

第十六分隊工作報告書目次

第一章 新的地方、新的人、新的生活
第一節：前祖
第二節：七月十九日——生活態度的分水嶺
第二章：队长在工作中
第一節：漢流，士紳及流动的地痞
第二節 工作計劃大會
第三節：同情與反同情
第四節：真戲場場来找
第五節：被公分的一日
第六節：女伙伴们希望開闢的處女地
第七節：還是開拓舊業的好
第八節：隊長氣的壞
第九節 歌舞傳充滿了勞動人民的耳目
第十節：未来的日子
第三章 自我清算和環境搏鬥
第一節：散漫度日
第二節：嚴厲的批判
第三節：嶄新的日子
第四節：環境玩弄着一批鬥士
第五節：憧憬的地方
第六節 生命在鬥爭中堅強起来了
第七節 生活在艰困中前進
第四章 倔強、革新和希望

988

第一章 新的地方 新的人 新的生活

在咱們的生活史中，這是一個大的轉灣！

灣的這邊，呈列着書本，课室和具有範疇的學校；灣的那边，招唤着的是遼闊的園野，田畝，山麓和村庄……，還有热情的诚樸的祖國的勞動者！

這個大的灣把咱们從這邊帶到了那邊，從範疇裡帶到範疇外，從靜靜的，單纯的地区帶到了活潑的多形的境域裡，有形的課本成了無形，学習是擴展到向大自然向廣大的群众！從歇馬場，黄桷到江津，到高牙！

是新的地方，新的人，新的生活的開始！

第一節 前夜

戰爭的前夜，戰士们在擦着武器，這是為了去制勝他们的敵人！

七月一号到十四号，這一個短暫的日子，是我们檢查武器，秣馬厲兵，并準備着去達成所担負的責職的時際！

這是一個令人難以置信的事實：無論是男的或是女的，只要他（她）是参加了這次工作的伙伴，在課堂裡，他们滿意地接受着新知識的灌輸和舊知識的温習；在休息中，他们一個個地都在忙着籌劃将來需要的物件：草帽，扇子，草鞋，手杖………甚且是一針一線！

緊張和繁忙，興奮……充滿了工作的前夜！

第二節 七月十九日——生活態度的分水嶺

像未出嫁的女孩的婚期，把我们学生的生活，经过這瞬間的變換，趕入了社會這專門講究"為人處世"的大爐裡了！心像處女们進入了賢妻的階段一樣！

今天，是一個不平凡的日子！是我们生活態度的分水嶺！

昨天，我们還可以大夥兒的打，跳，大夥兒地鬧，但

99

今天都不能那樣猖獗了；昨天，我們熱愛那些我們心裡所喜悅的，憎恨那些我們所厭惡的，但，今天以後，我們將陪伴着笑臉去爭取工作的成功；昨天，我們只向老師，課本，實驗室……學習，今天以後，我們將擴大到勞動群眾，大自然了！從明天起，我們將堅強起來，從明天起，我們將從特權，治人，依賴……而走向服務人民，獨立……的階段！……………

……………

一切，只要過了今天，都將換上一層色彩，但，本質是更趨向善良的！

第二章，成長在工作中

工作的成長是在工作中的！

離開了實際工作的發展而從成長起來的工作，是不能堅實和持久的！

我們的工作，是理論和實踐相互吻合，又能在批判地接受和改良中發展的，這樣成長起來的工作，不會是不堅實的吧！

第一節，漢流，士紳及流痞

那裡有着一種力量，它可能支配着祖國農村裡較低層的群眾，而且還已嚴密地組織着他們；他的力量，有時是凌駕政治力之上的，這便是淵源很遠的漢流（俗名袍哥），權威的士紳和流氓地痞！

還沒有來到工作地點之先，我們早已看認識環境而担憂着了！凡是稍稍看過農村社會的人，便都能了解支配着整個農村的，不是廣大的農民，也不是政治力，而是那些剝削階級的士紳，寄生階級的流氓地痞，及兼二者之長的漢流，凡是來到鄉間工作的人，不管你是剝削或服務，若得罪於他們，是很難達成希望的！

十九號那天，我們抵達高峰後不久，我便和顧隊李明境去拜望當地各權威人士，在袍哥上，叫"拜碼頭"，這是社交的禮節。自此後一直到二十一號，都在和這些人周旋，但是，概念一直是模糊的。值得慶幸的，是得到了地方的同情和支助——消極的支助！

這裡，士紳有勢力的大概都加入了漢流，地方的流氓地痞也大概順從了漢流的支使，因此，我們就在這種勢力下，被底

100

瘦着了！

畢竟那種正面的認識是不够清晰的，事物若不從客觀的觀探是…難得到全貌和真象的！

八月廿九日的傍晚，縣保和鄉公所鄉隊附張宇仁在院中納涼聊時，張竟透露了本鄉的真面目，這給了我們一個啓示：這兒並不單純。張隊长說："……這裡也有派派地痞的！前從前凡是到這兒來作…的，不管是教員、校長……，男的、女的……，終究是被識笑、侮辱的，這…你們來這裡，還沒有發現這種事實哩！……"隨即他又補充…說："我從前是跟廖師長當副官的！"。從此，使我們對他敬而遠之，這裡，給我們一個偉大的發現：地方上的派系是張宇仁在領導，而張又是廖的奴隸，所以袍哥是支配着全鄉最大的力量！

我們要避免遭派系的侮辱，要拉緊張；要得到更大的援…和控制，推進整個的工作，非拉緊廖派！

八月十号，胡隊长以前兩天[illegible]区隊长来和王宗濤附鄉…談柑橘合作組織事業而探出他們和李光輝大爺有隔膜，因之…和鄉丁熊銀臣閒談而透出了本鄉的派系組織；這些派系之间因自身的利害，常充滿了矛盾；平時雖是同喝酒、同吃飯，但秘密的事情來了是會各走極端的！兹依據熊銀臣談話列出各派系組織於后：

（一）舊派：

舵把子——廖海清

管事：陳濟民、李子恒（鄉長）

下層：鄭介清（閒大爺）王宗濤、劉宗甫、陳氏兄弟，張宗坡、張氏兄弟，及張宇仁、李子儀等

（二）舊新派：

舵把子——李光輝（原为舊派人，後掏入新派，以此故二派有隙）

管事——張子臣、李炳生等

下層——多为城區之商人

（三）義舖：（屬新派）

舵把子——王海清

副舵把子——古海清

下層——多为鄉間之閒康或保甲長

101

從上面的情勢看來，優勢似乎是新派的一方，但因新派領袖李光輝是廖海濤的下人，故新派常受舊派支使。

我們處於服務群众的立場，對全体一律平等。認識環境是我們的權利，但我們卻不應有所偏袒，甚至於派系。因為工作是需要廣大的群众來支持的！

第二節 工作計劃大會

偉大的"計劃大會"，在七月廿一号上午，在鄉公所的院子裡舉行了！

空氣是嚴肅的，每個伙伴都專注地，精心地在希望着用群体的力量和見解建造起一間"計劃大廈"來！

這張完的紙掌握了全隊今後的生活態度、工作方案、和学習办法來！完是今後工作和生命的指南針！

主席胡廷寬報告過開會意旨後，繼由全体伙伴發表意見，再推定薛茂蘭、胡廷寬二人整理。

會議紀錄上記有一個計劃的雛形，示錄如后：

一、工作方面：

A. 認識環境：七月十九至廿一日

B. 調查：七月廿一日至八月十五号以前完成。先以技術關係，只作集体調查，兩日後作分組調查。在調查期間內除趕場日外，務繼續調查，並應配合宣傳。

a. 分組：(1) 李明鏡、黃文昌、黃熙盛、黃冠輝

(2) 胡廷寬、薛茂蘭、郭〃慧、張地秀。

b. 準備：調查前先交換意見，開會預備。

c. 技術：從側面方式進行。

C. 工作区域之劃分：八月十六—十七日

D. 宣傳：日期：七月廿一日——九月卅日。

方式：個別宣傳、集体宣傳、文字宣傳、戲劇宣傳等。

二、生活方面：

A. 作息時間：

早餐—上午六時　出發—上午六時半

回家—上午十一時　午餐—上午十二時

午睡—下午一時—三時　工作整理—下午四—六時

晚餐—下午六時　檢討預備會—下午七時

熄灯—晚九時。

102

B. 生活規約：

1. 對工作必須認真負责
2. 嚴守集体之規定
3. 遵守時間
4. 对工作不推諉
5. 未经負责人允许，不得私自代表本隊向外發表或办理有关本隊之事宜。
6. 对该地人民應親爱和睦
7. 尊重鄉里習俗
8. 未经負责人允许，不得擅自離隊
9. 工作日记必須輪流負责记錄
10. 有关工作或學習之問題應提供大家討論
11. 定期举行工作检讨
12. 勇於批评和接受批评。

三、學習方面：

A. 原則：依自约

B. 方式：每十日开讀書會一次，或作口头报告，或作書面报告。

工作有了方向，有了步驟，我們沒有迷惑和盲乱的憂慮，撑着划子，掌着舵，我们划向目的地！

第三節 同情与反同情

能够得到同情的人，是工作中最幸福的！

自開始起，一直到八月十号，我们是过着争取同情和遭受冷漠的日子！

因为，果園訪問的工作就在這時進行着！

農民们是诚樸和忠实的，幾千年来，他们一直在被压榨剥削着，近幾十年来，他们更深深地被人愚弄着，欺騙着，以至失掉了他们对任何善事的信心，在他们的心中，好像世間的事，都只有恶的一面，而沒有善的一面似的，對我们這種不要钱而幫忙他的工作，感到异常地惶恐，他们認為"這是世上沒有的！"這几乎是普遍的現象。但，他們真的不知道，不希望有善"嗎？不是的，愈因他们对她希望愈大，因而失望也就愈大了！於是，他们不敢相信在人世間裡還有善的事实存在！ 有少數知識水準較高的，他们表示

华西实验区甜橙果实蝇防治队第四区队第十六分队工作报告书　9-1-155（168）

103

得较热心。他們並不像那些富绅和行政负责人的虚伪，只求敷衍、應付，的確，他們是真心的；這是工作裡的打氣筒！也是我們最心爱的！

記得廿四号那天上午，我们已调查到三保，那裡是果树較多的地方，我們已学懂着"英雄有用武之地"了；最先，我們走進了一個陳姓的家裡，他家的人擁了一大堆，男的在铺春莫，女的在篩高粱，孩子们也在旁边玩着，我们道过来意，後面还特别强调了不要钱，义務幫忙的話，但他却笑着说了："哼！不要钱？前几年重庆那些实你橙的最先还不是不要钱！……"解释了许多，他还懷疑地说："钱我们不要，将满我年還是要設卡！……"。無論你怎样解释，他都不信。從陳姓人家出来，走到一個賴姓的家裡，他家裡早知道這事，而且信任着我们是老实的，說不久話，便很热心地引導着我們去参觀他家的果園，這種純樸的热情，给予了我们無限的慰安，使得已消着的浪趣消失去，而重獲到了興奮和勇氣！

從廿天的访问工作中，從一百餘户的反應裡，使我们得到了一些啟示：

1. 農民们被压迫的日子太久了，使他们已经养成了不敢隨意信任别人話說的習性，故宣傳技術很難深入。
2. 農民们是最现实的，花言巧語不足以诱惑，只有实利相惠，才能取实，使他们相信，故药剂的施给異常重要。
3. 调查表项目繁多，且纯为依據美國资本主義社会農場的标準，不適合我國的特殊國情，農民多不肯说。
4. 调查表中甜橙加工及儲藏、病虫害等，農民们多不清楚，故很難得到报導。
3. 合作组织问题因從前的组织合作社者已经大骗过他们，故现在一谈到组织問題，他们便反对。
4. 地方人士及果農就比例而言，80%以上是平淡的，热誠熱心者简直是鳳毛麟角，故推動困難。
5. 本区蛆柑为害率约在3—20%以下，故農果对此反而平淡，如從事於其他方面之防治，則又無药剂等。
6. 農果们希望能從其他方面之帮助，蛆柑方面並不十分欢迎。
7. 示範果園很難选定，因為地方绅士甚多，如賣人情，則剝奪真正果農之権利。

我们從访问调查裡得到了同情，但也遭到了漠視；我们遇见了困

华西实验区甜橙果实蝇防治队第四区队第十六分队工作报告书 9-1-155（169）

104

很，但我们应该设法解决，只有满足和使他们的疑难得到解答，才能顺利推进我们的工作，达成我们的目的！

第四节 真武场归来後

七月廿四日，队长因为区队部联络传错了命令，跑去真武场请示总队部，廿日，队长回来了，黄昏，展开工作的总检讨会。

队长报告去真武的观感说："……真武的同学很多地方是值得我们效法的：第一，精神充沛，有不问收获只问耕耘的干劲；第二，有勇於批评和接受批评的作风；第三，标本採集甚多……。仁沱的同学也有很多值得效法之处：(一)环境清洁整齐，(二)生活态度严肃认真和谐，(三)採集标本认真……。……比上别人的优点，正是我们的缺点，希大家加强工作，改正缺点，发扬优点，迎头赶上。"

检讨得非常认真，有关工作方面的结论，记录如后：

(一)缺点：

1. 计划不严密，效率低
2. 工作精神不够，访调查时有偷闲的表现
3. 宣传工作做得不够，没有多方面的採用各种形式因地制宜，而只限于访问时的个别宣传的形式

(二)革新：

1. 重新拟定详尽计划（公推胡建宽、郑茂兰拟定）
2. 调查工作限於八月十三号以前完成
3. 宣传：
   a. 方式：壁报、标语、同乐会、街头宣传及话剧宣传、个别口头宣传等。
   b. 时间：个别口头宣传由调查访问同时进行，其他方式则尽量利用赶场日子举行。
4. 标本努力进行採集。

不看镜子，不知自己的丑恶，看了镜子，要尽量革除自己的弱点，这样事情才能革新、进步！

第五节 被批分的一日

七月卅一号，正当我们吃早饭时，贾学友先来了，寒暄过後，贾先生说："……现在陈区队长正准备调部份同学往沙坝全紫工作，这因那边柑较严重，目前，先峰乡的第九保已划归永峰，这是为了工作的方便，工作效率可因此而增高的关系，所说你们调查要跑很远的路，而且的广柑园子多半集中在先峰这面，跑这样远去工作，无论对工作及精

105

都是不经济的。一個人的精力何必無價值的浪费呢？况且先峯乡柑桔虧竟，工作正待外力幫助，高乐乡受害情形並不厲害，何必花费这般多的人力财力去做價值少的事呢？到先峯後，因為生活安定，工作效率可增加，我们特来决定採取联防制度，先峯、高乐、北渡為一组；永峯、沙良和先峯第九保為一区；金紫、天湖為一区，因此搬去先峯，工作既方便，兼顾又較省力，為了工作和健康的问题，请你们考慮！……”

安定和正在进展的情绪，这一下给了一個大的颠簸！

我们的伙伴準備着去為工作價值而努力了！她们認為这是屬友光的友誼谈话，殊不知是官方派往的说穿，谈话的觀点不同，其他的價值便被抹殺了！

八月四号，区队部開同樂會，我们去了，预料到的区队长竟谈起这问题来，他决定：二人到先峯，一人去永峯，四人去沙良，這是為了工作？

我们被区队長的權職而剧了了，贈送在别的地方！主權是沒有獨立的！

峯先峯永峯不願接受這條件，因為这是利削咱们的勞力，而建造区队長自己的功绩的一致意見！於是，我们得復谈了！

第六節　女伙伴们希望開闢的處女地

過份的希望，往往會帶来過份失望的！

女伙伴们為了工作的價值，憧憬着洞往先峯永峯、沙良的成功，但结果竟令她们失望了！

這纯是相互间利害関係衝突的顯示，但她们竟信任了区队長一句話：“我看他们（指先峯）嫌待處在女同学”。

於是，她们要為女同胞奠定根基，抱着“我不入地獄，谁入地獄”的精神，四女伙伴一齐異口同聲地決定了要独自地去開闢这塊待墾的處女地！

好像沙良的柑桔，在像向她们招唤似的，她们的心弦在激荡，血液循環向着沙良，一刻、一秒……都在憧憬着未開拓的寶藏，“決定要去！”這種坚強的信念是不能打消的，除非有更高價值的一塊土地！

沙良！是我们女伙伴们嚮往着開闢的處女地啊！

第七節　還是開拓舊業的好

经過了多方的勸解，她们好容易答應抓展舊地；但這是初

106

应感谢打东区队的的声报告："沙员，普荣之地"，和另外的三位伙伴伴谈到黄蕴辉的病！

她们决定不离开去先峰或永峰！

高牙是她们拓展的对象了！

感谢她们信任着这块土地上，也有工作的价值的！

"这是开拓事业的好！"这声音在呼喊着！

第八节 队长的气愤

好久以前，我们就计算着去和廖海涛师长谈谈组织柑橘产销协进会的事情了！好容易八月五号夜晚，张队长才答应引进。

廿五号早上，约十点钟，我们全队到了江津城！

因为廖先生赴宴，未能在家里碰到，後来在大十字遇见，随即便在旁边的茶馆坐下。

寒暄过後，我们谈着此次来江津工作的目的，做法及最近工作的情形，须队和队长很严谨的把握着每一个机会谈话，但他竟隔隔不入，无精打彩去应付着，最後，当他说了："这次很劳累各位，我们很感激，我的果树也很多，今天请诸位随便吃点便饭！……"之後，他便溜走了！

可怜队长一番雄心，我天准备的资料竟无用武之地而抛弃了，论理，廖果园最大，在地方中声名最高，诚应大力帮助，义不容辞，但竟这样表现起来，实在是令有志者切齿的！

队长脸气青了！这是为了工作目的的没有达到；但，社会上就是这样，他也是少见怪了！

第九节 歌舞将充满了劳动人民的耳目

八月五号清晨，先峰队队长陈朝江来谈本区队拟举行一次联合话剧宣传。

这是为了使果农和地方人士充分明瞭此次我们来工作和调查的意义！

当时我们答应了！

六号，大家商议过後，队长去磋商这事，当晚决议了：

(一)：组织採委员制，剧务，总务，主人委员分别由各队选举一人组成

(二)：公演日期：除厂七月十七——高牙　十八——先峰　廿日——永峰

华西实验区甜橙果实蝇防治队第四区队第十六分队工作报告书 9-1-155（172）

107

三、节目：花鼓、金钱板、王大娘补缸、哈什哈尔舞蹈、惠休舞、半個月亮爬上来舞蹈、康定情歌舞蹈、独幕剧

经过七、八天的工作努力，剧的内容完全编排完毕，预定十七日是一定拿出的。後来因为谭熙鸿先生报告了十二号缪厅长要召集我们谈谈开会而改了期，决定廿二日——高牙先举，廿三日——永举，廿七日——高牙。

歌舞将要在劳動人民的耳目中振荡了！

第十节 未来的日子

这几十天的工作裡，给予了我们無限寶贵的经驗和教训！

工作的定期是三個月，现在已经过了四分之一的時間。但，我們對工作所寄予的希望是那樣的大，而我们所完成的，却距四分之一的比例还很遥远；检讨起来，这應归罪於自身能力的不充实，方法、技術的不够适合需要；當然，阻碍的力量和冷漠的心情，也是應由我们的工作对象者们负以相當责任的；因之，在主觀的不充实及客觀的不紧凑，使得我们在工作的计劃上宣告了失败！

但，成功的花朵是开在失败的樹上的！

在未来的日子裡，我们應以从前的失措为规鉴，革舊飾新；在主觀的条件上，以宣傳技術的改進、加强；工作热诚的提高；对有关工作的知識的吸收，都應尽力为之；在客觀条件上，对热心人士的加紧連繫，对冷漠的予以开導，促進發揮其效力，对顽強的人加以解釋，使其省悟，最低應予以消極的支助等，都是要加紧努力的；最重要的是要因地制宜，不必墨守成法，而要配合需要，投其所好，這樣才能達成我们的希望，满足别人的要求！

未来的日子是樂觀的，她一定會满足我們的要求，但，这是待我們自己的努力和不断的改進的！

108

第三章　自我清算和環境搏鬥

第一節：散漫度日

環境是玩弄生命最大的力量！但，偉大的戰士不是被環境玩弄，而是去改造環境，克制環境！

隊裡的朋友命太苦，偏的會碰到這樣一塊雜亂的土地，使得他(她)們常在動盪的破舫中生活；但天晴，太陽的威武會逼着，大雨，風雨也戲弄着，要他(她)們挽高了褲脚，赤着脚，在澎湃的水裡搏鬥，但這也許是造物主的恩慧，他用以考驗人們的！

正因這種無定的威脅，使得伙伴們不能有定性的生活態度；一切的計劃，因此成了廢物！

沒有一定的條規，大家逐過活着散漫的日子！

第二節　嚴厲的批判

隊長去真武場，順便去仁沱參觀了一下，他發覺了我們生活的散漫並不全是環境的因素，而自身的因素也佔了絕大的一部分，因此在七月廿九日的總檢討會中，也特別檢討了生活的一方面，由大家的批判，得出了許多生活所以散漫的原因，記錄記如后：

一、生活方面：

缺点：

a. 生活態度不够嚴肅，言行多有不檢處。

b. 生活太散漫，死沉無活力，是缺乏一定目標之故。

c. 作習不依定時。

d. 彼此關心不够，了解不够。

革新：

a. 加緊工作学習

b. 作習應遵定時

c. 充實生活内容，多作娛樂等以調劑精神。

d. 彼此多關心，多幫助，多了解。

二、学習方面：

缺点：

a. 沒有建立学習的風氣，集体学習更談不上。

b. 学習無計劃

革新：

a. 每隔十日開讀書檢討會一次，并報告心得，材料自多不

b. 以农村一实际问题为中心，收集材料，并加以讨论
c. 多练习写通讯

集体事项的检讨完结後，大家又要求开个别检讨会，在坦白、热诚、直率的批判下，每一个人都发现了许多自己不曾注意到的弱点。虽然为了检讨，颇伤感动了气，但这更证实了我们的真诚和检讨的宝贵！

李明镜：社会习气重，说话喜绕圈子，喜谈闲话。

黄文昌：性暴躁，工作认真，但缺乏计划；至于气量大，忠厚是其优点；偏见多，喜挑拨是其缺点。

蒋茂兰：性急，主观，缺乏主动思考问题的习惯，不会应付事情。

张地秀：喜对自己错误理由化，生活不严肃，工作缺乏方法。

黄强辉：冷酷，主观，傲慢，做事拖带大。

胡廷宪：处理问题欠周密，意气用事，对人不够宽大，个人英雄主义重，少爷气重。

郭慧：工作认真，热诚，勇於尝试，但说话技术欠佳，不懂找机会。

严厉的集体批判是值得珍贵的，他集合了多数人的见解，他是比较公正的，精深的；能勇於接受别人批判的人，才能成为众人所爱戴的！

第三节：崭新的日子

从七月卅日起，我们走向了崭新的途径！

经过了昨日的检讨，大家都在努力革除自己的缺点，向着正确集体的一面走去。

工作起了劲，同加了油的汽车；生活有了规律，像闹钟摆的摇动……一切，都象征着崭新一方！

第四节 环境玩弄着一批斗士

在杂乱的环境里，我们散漫了一些日子，但这些被我们无情而坚强的信念革除了！

摧毁着我们生活的力量，在环境以外又打进来了，这便是陈迅孙长好大喜功的一套遥控阴谋！

这使得大家继续了几天不安的情绪，到先峰、永丰、良良……最後还是局在这块地方！

这是环境在玩弄着我们！

另外一件玩弄我们的是这里的物价，地距城这般近，但大小物件却较任何处高，在不堪剥削下，大家在抗争之余列表记录如下：

110

高牙鄉物價表

物品	数量	價目	備
米	1升	0.33元	八月十一号以前一元可买叁升多，但近因常有土匪来往其间，加以[illegible]农忙，故米價突涨。
肉	1斤	0.8升	
油	1斤	1.64升	
盐	1斤	0.8升	八月十一号以前为每斤为0.6升——0.7升
炭	100斤	4.5升	
蛋	10個	0.8升	八月十一号以前每10個为0.6升——0.7升
黄豆	1升	1升	
绿豆	1升	1升	
菜油	1斤	1升	八月十一号以前每斤为0.8升
豌豆	1升	1升	
江豆	1斤	0.15升	
青椒	1斤	0.15升	
花瓜	1斤	0.15升	
南瓜	1斤	0.1升	
豆油	1斤	0.8升	
醋	1斤	0.3升	
花生米	1斤	0.9升	
番茄	1斤	0.2升	
丝瓜	1斤	0.15升	
豆瓣	1斤	0.8升	

华西实验区甜橙果实蝇防治队第四区队第十六分队工作报告书 9-1-155（176）

每月消耗表

物品	日期	数量	支付	一月总计	备
食米	三日	6升		6斗	以十人计算
猪油	三日	1.5斤	2.4升	2斗4升	
肉	三日	4斤	3.2升	3斗2升	
虾	〃 〃	1斤	0.8升	8升	
炭	〃 〃	120斤	5.4升	5斗4升	
蛋	〃 〃	20個	1.6升	1斗6升	
黄豆	〃 〃	1升	1升	1斗	
绿豆	〃 〃	0.5升	0.5升	5升	
豌豆	〃 〃	0.5升	0.5升	5升	
菜油	〃 〃	1斤	1升	1斗	男同学一個灯，女同学两個灯，工友一灯
江豆	〃 〃	8斤	1.2升	1斗2升	
青椒	〃 〃	3斤	0.45升	4升5合	
花瓜	〃 〃	5斤	0.75升	7升5合	
南瓜	〃 〃	15斤	1.5升	1斗5升	
豆油	〃 〃	1斤	0.8升	8升	
醋	〃 〃	1斤	0.7升	7升	
花生米	〃 〃	1斤	0.9升	9升	
番茄	〃 〃	6斤	1.2升	1斗2升	
豆瓣	〃 〃	1斤	0.8升	8升	
其他香料	〃 〃		0.5升	5升	

总计 每月3石1斗2升，以十人平了每人食3斗2升，但除去客饭，每人实际吃2斗九

112

第五節 憧憬的地方

多謝各方朋友師長的關懷，使我們警惕着自己的健康！

不還走到的工作地點，這是為了高升鄉的父老；但不顧慮到自己的健康，而仍稱着硬漢，這是我們固執。

於是，我們憧憬着一塊地方！

那裡有寬大的房屋，舒暢的環境，適於工作的中心進行……

她，是我們現實理想中最合適的一塊地方。

這便是顧保川大同學的家園。

我們準備着在那裡去渡過一些日子！

九月十一號，顧保為這事去了。但，我們失望了。這是意外的，那裡房

家庭糾紛而不能答應我們的需求。

憧憬幻滅了！

第六節 生命在鬥爭中堅強起來了

環境的條件，雖然使我們受了許多艱苦的日子。但，我們的生命却在這艱苦中成長起來了！

我們一直是這樣認為的：困難問題愈多的環境，工作愈易

生活也愈有生趣。因為，解決了一個問題，便會得到一個快樂；困難愈多，快樂也愈大！

只有在不斷的鬥爭中才會堅強生命！

我們是愈戰愈強，愈戰愈英勇的。

生命在鬥爭中堅強起來了！

第七節 生活在艱困中前進

為了要達成我們工作的目標，在艱困中，我們不斷的工作着，

困中，我們從艱困裡獲得了經驗，得到了進步。

我們一直是在前進着的！

從七月卅號的第二分組的檢討中，顯示了我們的伙伴在艱困裡是在前進的。記錄中記載着這樣的詞句：

胡健寬：會周旋，會適應環境，處事有方，態度隨和，談話內容豐富，但態度有時欠忠懇，不夠慎重，精神易為環境影響，談話聲浪過大，消耗精力。

113

郭慧：工作認真热诚，说话技術有進步，但嫌直率，不能抓着机会。

傅茂蘭：勇於试验，讲话的技術有進步，对方言语调容易接受且能灵活運用，態度溫和，易使人親近，但说话技術仍不够老练，内容不丰富，缺少机智，不会適应环境，说话只凭情绪易受环境的影响。

在艰困裡，我们的生活充实了；在艰困裡，我们的生活在前進着！

第四章　倔强，革新和希望

我们决不埋怨運命太壞！怨天尤人，是懦夫的表现！相反地，我们已热恋着这塊荆棘叢生的原野！

我们要用自己的手，血，汗去开拓她，使以後的你们幸福！

我十天的日子中，我们一直是对困艱施用倔强的態度，抱着"只要功夫深，鐵杵也会磨成針"的信念去周旋她！但，我们决不是一味地蛮幹，我们天天晚晚刻刻在檢讨，失败的，我们要追其原因，想办法解决；成功的，也要追其原因，紧紧地把住，利用在有用的時候！

依靠着倔强，我们敢对困难的環境挑戰，搏鬥，甚且征服她；把握着革新的方策，我們不会讓问题懸放着，我们不会停顿在固定的一点，我们可以解决，進步！唯我们倔强，我们不怕困难，唯我们革新，我们可以解决困难；我们的希望透过了这双重的力量，她很可能把我们帶到美满的境地！

华西实验区甜橙果实蝇防治队第八分队（和平乡）工作总报告 9-1-175（2）

中華平民教育促進會華西實驗區甘橘果實蠅防治隊第八分隊（和平鄉）

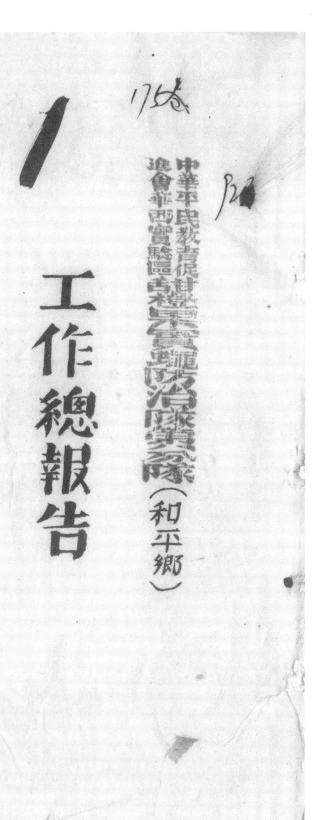

工作總報告

华西实验区甜橙果实蝇防治队第八分队（和平乡）工作总报告 9-1-175（3）

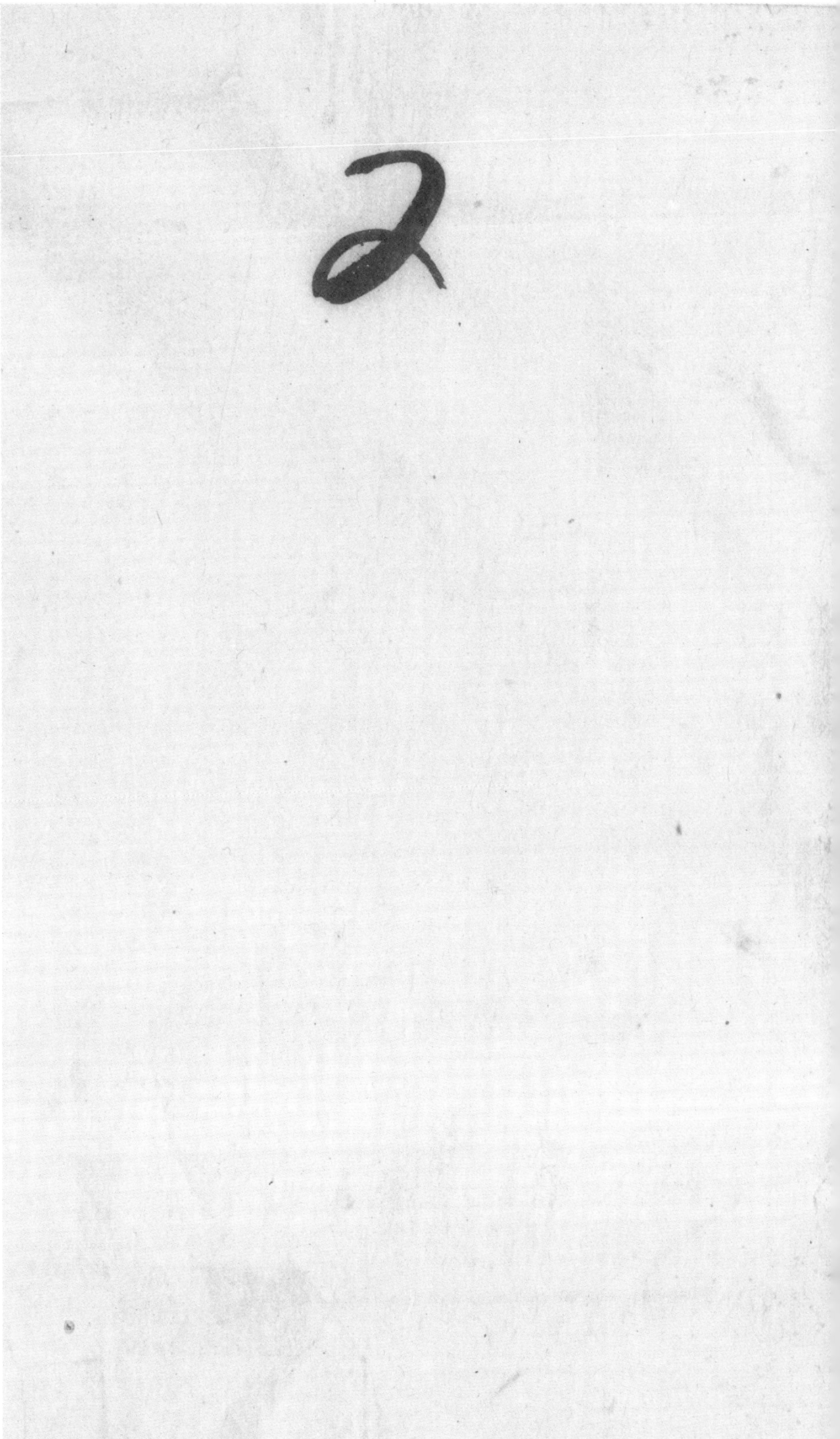
2

华西实验区甜橙果实蝇防治队第八分队（和平乡）工作总报告 9-1-175（4）

3

中華平民教育促進會華西实驗區甜橙果實蝇防治隊第八分隊（和平鄉）工作総報告書要目

一、参加工作前之回憶

(1)緋佪

(2)到江津去

二、和平——我們的工作地

(1)新月·瘠土

(2)甜橙家家有

(3)送兒讀書難

(4)袍哥·派系

华西实验区甜橙果实蝇防治队第八分队（和平乡）工作总报告 9-1-175（5）

(5) 沒有堰塘

(6) 結語

三. 在工作中的搏擊

(1) 工作一般

(2) 分住以後

(3) 工作中的種種困難

(4) 困難的克服——勝利

四. 誰是工作的贊助者

(1) 冷淡者及其理由

(2) 熱心者及其原因

华西实验区甜橙果实蝇防治队第八分队（和平乡）工作总报告 9-1-175（6）

4

(3)鄉保甲長及參議員的作用
(4)關於我們的態度問題

五.我們的生活
(1)住地——我們的「皇宮」
(2)生活一般
(3)學習情况
(4)周遊、訪問、觀摩

六.結論——我們的收獲

七.附件

乡

回

憶

华西实验区甜橙果实蝇防治队第八分队（和平乡）工作总报告　9-1-175（8）

6

一参加工作前之回忆

(1)徘徊

三月前，是闷热的天气，学院正当结束，暑假立刻就开始了。许多人，都整理行装，准备回家，更多的人却因为涯兑不通，连几天的伙食费也缴不起，回家更是谈不得了！在学院徘徊着。同时，时局也不安得很，每个人都考虑着：怎么办？

在这一个时候，到江津工作的消息传来了！

回家，留院，去江津工作，这三条路摆在我们面前，等待我们选择。

(2)到江津去

為了認識農村，了解農村，也即是為了將書本上獲得的東西與現实相印證，到江津參加防蛆工作，是最適當的路。

為了認識農民的苦，開發農民的力，在他們的生活上，生產上，盡一些力，幫一些忙，參加江津的防蛆工作，也是最適當的路。

抱着所有知識份子固有的幻想與熱情，我們想像着果農們歡迎我們的笑臉，也想像着那一個個美麗的果園，整齊、集中，圍繞着籬笆，以及工作的熱烈開展。在一串串美麗的夢幻中，我們完成了半月的訓練，我們一步一步走向我們工

华西实验区甜橙果实蝇防治队第八分队（和平乡）工作总报告 9-1-175（10）

7

作的鄉村。

8

和平

华西实验区甜橙果实蝇防治队第八分队（和平乡）工作总报告 9-1-175（12）

9

二、和平——我們的工作地

(1)新月·瘠土

和平鄉全境，假如沒有燕尾山麓的九、十兩保，恰像斜掛在兩山之間的一彎新月。

這新月，東南梢高，而西北較低。翻過西面大山，可以俯視綦河，東西大山之下，便是蜿蜒曲折的川黔公路。她的東面，幾全為高歇包圍，西南緊臨綦興，西面一部界仁沱，北接馬鬃，東北連巴縣接龍場。自西南端至東北長約三十華里，東西闊約八華里，全境面積合計約二百四十平方華里。

這地處兩山之間的台地，沒有一條溪流！連林木蒼鬱的丘陵也稀少！多的是片片的梯田，和閃爍着紅光的沙地。生活在這狹窄貧瘠的土地上的人民，竟有七千之多！

在這新月的兩端，成長着兩個小小的場鎮：一名和平場，在新月的南端，是全鄉的政治中心。在未修築川黔公路與綦江鉄路時，這兒是綦江到重慶的衝要，過往行人如織，那時是她的黃金時代，繁華異常！如今只剩下二十七家舖面，沒有一絲起色了！

你站在和平場頭，向燕尾山腰眺望，幾棟瓦房雜陳在綠樹叢中，那便是同福場了。同福場位於和平鄉北端邊緣，與和平場遙遙相望，恰像兩個細肥核分佈在新月形的兩端一樣

华西实验区甜橙果实蝇防治队第八分队（和平乡）工作总报告 9-1-175（14）

。她雖屬於巴縣，但卻是和平鄉經濟和文化的第二中心地。

這兒氣候適中，寒暖宜人，雨量亦充沛，只是缺乏河流山溪的調劑！要是能加以人工灌溉，修塘築堰，不難使這一片瘠土變為沃野。

一彎新月，是和平鄉地形的最好寫照。

（2）甜橙家家有

和平由於山高地坑，農業不甚發達。除和平場南面之填上地勢較平，田地較肥而外，餘均為斜坡礫石砂土之地，梯田雜多，而收穫甚少。種植稻麥紅苕高粱及其他雜糧，但沒有玉蜀黍！據當地居民說是野獸太多，不易收獲；還有「地土不

华西实验区甜橙果实蝇防治队第八分队（和平乡）工作总报告 9-1-175（15）

好，不大出」，由此可見土地一般之貧瘠。年豐好，每年糧食差可自給，年豐一不好，那便只有靠旁的鄉鎮供給。

除了農業而外，全鄉沒有煤，也沒有鐵，可以說沒有一點鑛產！商業自川黔公路及綦江鉄路築成後，一厥不振！和平場廿七家舖面中有六家中葯舖，但却沒有一家雜貨店，連買信紙信封也成問題！同福場十三家舖面中竟有七家「煙館」！這真是一個畸形的場鎮！就是趕場日子，你假如買上三兩斗米，便將引起漲風！

既如此，七千人民靠什麽生活呢?!

甜橙，是生活在這塊貧瘠的土地上的人們的救星。

华西实验区甜橙果实蝇防治队第八分队（和平乡）工作总报告 9-1-175（16）

當你一跨入和平鄉境時，最使你注意的是：每個農家的屋前屋後，都有幾株青綠而呈半圓形的果樹，欣欣向榮地佇立着，那便是甜橙樹了。

根據當地果農們的經驗，一株甜橙要是經營得好，樹子長得不壞的話，總可以結千把個甜橙。只要稍為儲藏一下，拿到市場去賣時，每千枚甜橙至少可以換到一市石到兩市石左右的米！我們想：一個普通農家只要隨便栽幾根果樹，便可得到幾石米，那對他們是多麼大的一個幫助！

據我們調查的結果：和平全鄉有果農四三一家，共有甜橙一萬八千零七十九株。就算有一萬株甜橙在結果子，每株結五百枚吧，一萬株數樹共有果子五百萬枚！以七千人平分之，每人可得七百一十四枚！賣成米每人有七斗多的收入！這是一個相當大的數字。在春二三月那「青黃不接」的季節裡，担上一挑甜橙賣錢，也可以過活幾天。和平地瘠民貧，而尚能相安而居，這不能不說是一個安定的因素。

「甜橙家家有」，雖不是科學數字般的正確，但也能表現出和平生產上的特殊性。三、五兩株的果實可以餽贈自食，四五十株的人家，便是一筆較大的收入；而那幾百以至千株以上的呢？他們不僅穿完、吃完、用完，而且還因為有了它，發了財，當了參議員、大爺！死了之後，還要傳之子孫，留

华西实验区甜橙果实蝇防治队第八分队（和平乡）工作总报告 9-1-175（18）

12

之後世！

然而，好景不常，蛆柑侵襲和平，已有三四年的時間了！受害程度重者已達百分之八九十，或竟達百分之百！輕者也有百分之二十左右。全鄉平均受害程度為百分之二十八，幾達三分之一，不可謂不重！種有甜橙的人家都在嘆息，都在懷念着往日那些豐收的日子。

和平甜橙家家有，現在是蛆柑來了，户户愁！

(3) 送兒讀書難

跟着和平人民的貧困，便是文化程度的低落。

和平鄉現有中心小學兩所，一在和平場，一在同福場。

共有學生二百人。保校本應每保一校，和平有十個保應該有十所保校，而实際上全鄉只有三所不成其為保校的保校，約有學生一百五十人。不論中心校也好，保校也好，都是破屋漏廟，家具不全。保校裡連球場也沒有一個。除了課程的內容不同而外，簡直找不出與私塾相異之點。

教師們的待遇很低，每月只有一市石米，外加五元銀元券。這點薪水只夠一個人起碼的伙食費，連零用也剩不了多少，更休想仰侍俯蓄了！沒有參攷書，也沒有報章雜誌。在這種經濟的困竭和精神的壓抑之下，那有優良的教師？就有優良的教師，誰又能安心教學？！

13

在和平，一個特殊的現象：是私塾特多。據說：全鄉約有廿所私學，每所有學生十餘人至廿或卅人。每個學生每年要繳一市石米左右的學費。這種私塾教的是四書，五經之類，管理的方法，也野蛮如前！一般家長多抱定：「娃兒進私學，多認幾個字，不像公學，一天鬼混！」

小學生畢業後，很少出外升學的，原因是没有錢。現在和平的中學生恐怕没有廿個人！當然讀大學的更少了。能夠讀兩三年私塾認得到自己的名字，而再從事種田耕地的人，已經是很難得的了！他們更那裡有錢送子弟去讀「洋學堂」呢?!

在這塊文化低落的土地上生活着的人們，並不是天生的呆子，而是别人剝奪了他們受教育的權利！

(4) 袍哥、派系

四川是一個「袍哥」勢力最盛的省，江津可以說是四川的縮影。

在和平，同江津境内其他各鄉鎮一樣，在什麽「仁義禮智」四堂人之中，又有所謂新舊派之爭。這裡的新派，大都是年青一點的人，愛交際，愛活動，人事比較靈通；舊派大多是較長一些的老頭子，有聲譽，有財產，經濟基礎較雄厚。這種新舊派的鬥爭，都是一丘之貉，並不是在原則上有什麽非爭不可的事，而是為了「私人關係」，「面子問題」，而把人民大眾

华西实验区甜橙果实蝇防治队第八分队（和平乡）工作总报告 9-1-175（22）

14

拿来開玩笑的作法。

目前的和平，代表新派的是「崇实社」。人最盛，勢力最雄厚，正是年富力强的時候。在和平場有一家漂亮的「崇实茶社」，是他們的大本营。在這裡，舊派的人是很少插足其中的。「崇实社」現在是在朝党，鄉長，副鄉長，縣參議員，鄉民代表，中心校長，以及多數保長……都是新派人物！全和平的一切事務，幾為他們包辦。

舊派現在僅存一，二巨頭，賦閒田間。他們雖有一些資財，但在地方上起不了好大的作用。他們回憶着往日的声威，慨歎着這現在新派的猖狂，不禁牢騷满腹，可又無處發洩。他們雖有一些弟兄伙散處本鄉，但沒有正式總社，也沒有集公開集會的場地。他們現在是隱忍負重，以待東山再起。最近舊派者老得江津總社之助，正在醞釀組織「正誠支社」，這大概是他們重整旗鼓的先聲吧?!

游離在這兩派之間的，便是所謂中間人物的社會賢達了。這種人物既不是新派，也不是舊派，在地方上又有相當的聲望。他們見風使舵，誰的勢力大一些便親近誰，但也不與勢力小者疏遠。

我們到了和平這個地方，成就總算不錯：不消說社會賢達的中間份子是很容易抓住的，就是新舊兩派的人物也能在

华西实验区甜橙果实蝇防治队第八分队（和平乡）工作总报告 9-1-175（24）

15

「蛆防」的大前提下同桌餐叙，共謀對策。但暗礁始終是存在着！

(5) 沒有堰塘

真不湊巧，我們恰巧遇到了一個大旱之年！

一連二三十天沒有下雨，太陽火辣辣地從早到晚以兇的淫威照射着大地，田土裂開了，像貪饞的孩子張着大口；眼看着茂盛的油綠的禾苗，漸漸地萎謝、焦枯，農民們的心裡在起着陣陣的劇痛！

沒有一條溪流，沒有一澗泉水，也沒有一個堤堰！叫人們那兒去找灌溉田土的水呢?!求天老爺，拜「川主菩薩」，是他們唯一的希望，但幾次的饑饉，[illegible]的「甘露」呢？！

太陽像一個活閻王，強暴地發着威風！農人們浴着赤焰歎息了！絕望了！而祖稅却不曾因災歉而減低，他們真不知要如何才能渡過這多難的歲月？！災荒之後繼之以重歛，這將逼他們走上最後的求生之路！

（6）. 結語

一彎新月似的地形，生長着七千善良的人們；文化在他們是不可獲得的奢侈品。這便是和平——我們的工作地。

华西实验区甜橙果实蝇防治队第八分队（和平乡）工作总报告　9-1-175（26）

16

傳画

华西实验区甜橙果实蝇防治队第八分队（和平乡）工作总报告 9-1-175（27）

17

三、在工作中的搏擊

(1)工作一般

在和平，防蝇工作之推動，是相當吃力的。比較起其他的鄉来，速度也似乎要慢一些。這是幾方面條件促成的。

工作的進行，可以按照順序，分作下面几个階段：

(一)聯絡階段

(二)宣傳階段

(三)調查階段

(四)組織階段

(五)实際殺蝇階段

這幾个時期的劃分，只是按照該段時期中之主要工作而定。其实每一個時刻的工作性質都是錯綜着，無法機械分開的。

①聯絡

從我們達到了工作地——和平——後，第二天就正式以奔赴戰場的心情，擔負起了工作。那是開端的聯絡工作。

聯絡，這是一個需要有相當技巧的工作，對於我們這種「初出茅蘆」「熱情太多」（某君評語）的人，真是一件頗為吃重的苦差事。最初幾次去和地方人士接洽事情，還有一點新鮮的客氣。到了後來，這個事情就不好辦了！大爺們有只緻偕打兩

18

「圈麻將」，那麼小子就要給我等着。或者是口頭說得天衣無縫，但是事情老是擺在那兒的。但我們在這種場合下也並沒有退回來。我們還是堅持着完成了任務。

從十九號到三十號，完成了預定計劃，我們首先去拜訪那些在地方上還「吃得開」，和我們的實際工作有關的人，以及大果農等具特別意義的人物。我們全隊人馬一齊開去。這一段時間，到也還輕鬆，苦的只是在於找人難走一點（因為路不好走！）比如：為了找鄉長，我們九個「大漢」就跑了廿多里路。但在接觸中的人都對我們很客氣。在聽完了我們的系統的介紹解說後，都能對我們的工作表示極度的歡迎。這時候，還氣好一點的，皆有合包蛋之類的招待機會。從廿四到卅這六天中我們到各保去開會，和各保的人士「接頭」，也和各個果農直接碰面。並且利用這機會給了他們一番詳盡的宣傳性的演說，關於我們的立場，任務，目的，方法與希望，都詳盡地說了。反應也皆良好。卅一號是聯絡工作的最高潮，就是我們要請地方人士。本來這一次的宴會，大家都不大贊同，好像覺得我們既來此地出力，也犯得着用這一套「拿言語式的油大主義」作風麼？我們這一種考慮是很對的。但後來的事實証明，這一次高潮期的宴請，也有其充分的作用的。問題不在方式，在於我們怎樣去運用。

华西实验区甜橙果实蝇防治队第八分队（和平乡）工作总报告 9-1-175（31）

19

聯絡工作，就這樣宣告結束。

②宣傳

緊接着展開的是宣傳工作。

宣傳工作，是一件極緊要的工作。我們的來意在聯絡階段中獲得了一般士紳的粗略了解。但對整個的果園園户與人民，我們有大声宣佈我們的來意之必要。固然了解不是宣傳，可是宣傳是了解的開端。於是宣傳工作獲得了根據。

和平鄉由於地勢的限制（兩個中心，只三個保趕我們的場）和文化水準的低下，這是宣傳的不利條件，也由於這條件決定了我們宣傳的形式。

在上述要求下着來，合適的宣傳方式就是簡潔易明而通俗的口頭宣傳。所以，我們特別着重這種形式的運用——說起來，皆有些令人發笑，我們在趕場天擠入茶館、酒店内去，拿巴掌一拍就開始講起來，這是有些类似「賣膏藥」的講說的。這是一件不容易做好的苦差事。因為你說得有趣與否？人家聽得懂嗎？這些全都要講演者負責的。吃力誠然吃力，可是的確收了相當的效果，獲到了普遍瞭解的目的。

標語、壁報這兩種方式，我們也採用過。標語可以發生引人注意，加深其印象，印入腦內的作用。壁報，它可以把很多問題談得詳細些，但是我們發覺看的人是相當少的。但

20

是本反復刺激的原則，它還是有其部份的作用。

從八月一號到十號，都是這一類的工作期。其中尤以七至九日為高潮期。後來也繼續出壁報數次（共標語一次，壁報三三期，口頭講演廿次）。

漫画等方式，由於人手短少，無法舉辦。

③調查

調查，這工作的推動是最吃力和最傷腦筋的事！假如從開始的一天算起，那一共差不多有三分之二個月的時間。調查表格，有些繁而不當，是大家都不否認的事情。因為這個原因而引起的工作困難，也是明顯的。為了這一點，我們自

华西实验区甜橙果实蝇防治队第八分队（和平乡）工作总报告　9-1-175（34）

已曾商討多次，一致認為假如要便利的推動防治工作，那麼「調查工作最好中止！」在擴大工作會議上，我們也把它正式提出來，請求總部考慮。結果，仍然是要照預定計劃執行。

從九月三號開始，除去幾天花在宣傳上的時間外，都用在調查工作上，到廿一日才把二保調查完。實際工作日有三、五、十四、十五、十六、十七、十八、廿一）這以後，廿五至卅這八天中，大大地發揮了效率。一共，調查了八保，這一段時間中，每個人都是聚精會神，披星戴月，早出晚歸的整日工作，完成了有效的工作突擊。

調查含着無限酸辛，在疑慮和欺騙中完成了！

21

㈦ 組織

組織，這是項有意義，也最為有趣的工作，看到了一些人魔術樣縱散漫狀態要為集體，這不是項有意義麼？可是他們怎樣團攏的，為什麼能捆攏？這些不都是最有趣的問題麼？

蠅防工作無法讓我們「自己的力量來作完。只有發動人民自己的力量，才可以得到效果，這就是組織的重要。

組織工作，進行起來也是有極大的困難的，農民們受到組織的訓練是太少了！同時又由於自己生活事務的繁忙，也無法把需要的時間和精神貢獻給大眾。在這種情況下，從這農民們自己的領袖，是太不可能了。於是組織的責任和領導者的地位，全部落在地方首長之類的人物身上了。

首先，我們在分別的拜訪時，把組織的輪廓告訴了他們，然後由他們自己籌備組織，我們對於組織的態度，是協助和輔導，盡力培養其自治能力，希望它能獨立地，圓滿地推動工作。

結果，和平鄉的組織，在這個前提下，完成了！同時各保的分會也分別的組成了！

⑤實際殺蛆階段

實際殺蛆階段，是我們各種各樣工作的終極目的。所以

华西实验区甜橙果实蝇防治队第八分队（和平乡）工作总报告 9-1-175（37）

22

這一個階段中的工作，我們的態度特别嚴肅、謹慎，不敢有絲毫鬆懈。

殺蛆的辦法，本来很多，但我們選擇了最能收效的方式，鄉民是高具簡易省事而收效的方式的，同時也有點不大願意費事的習慣。所以，在這個時期多係監督、察看的工作。這也是最需時間和精力的工作。

這個工作，一直到我們走時，都皆未完成，這些都交由幾個民教主任去繼續了。

(2)分住以後

(1)劃分工作區

前面我們已經提及，和平鄉的幹地是從諸分昔的，全鄉的人，各趕着八個不同的場。因是，政令也極難貫徹。要想坐在和平場上推動全鄉的工作，無論如何是不成的。若以王皇宮為基地，每天早出晚歸的跑到各條去推動工作，諸位只要看看和平全鄉圖，一定明白那是愚笨的妄想！以王皇宮為起點，伸展出去，到最遠的地方，來回是四十多里路，而且上坡下坎，必得花半天功夫！剩下來的半天，能作些什麼？況且，我們既跑到鄉村裡來，面對着這麼現實廣大的農民群眾，便應該好好地去認識他們，了解他們，曉得他們的願望，分享他們的哀樂。否則，我們所知道的農民也只是浮

华西实验区甜橙果实蝇防治队第八分队（和平乡）工作总报告 9-1-175（39）

23

克捉影。如此，分區工作是非常必要的！我們要打開讀書人的小圈子，分住到農人們的家裡，看看他們，聽聽他們，親近他們，這就是劃分工作區並分區進行工作的意義。

自然，這些經驗也不是一下就得到的，這是工作的困難給我們的，這是全隊人爭論了數晝夜才決定的（請參看本隊工作日記九九頁）。

從九月廿六日起，全隊人就分住到四個不同的工作地區去了。

第一區以和平場為中心，工作區域包括一二三各保，由王漢臣、李中秋、周定訓負責；第二區以真武寺為中心，包括四五六各保，由黄禄恭，徐載匡負責；第三区以[illegible]為中心，包括七八各保，由傅学洪負責；第四区以長院子為中心，包括九十各保，由李秀登，汪潤先負責。為什麼要如此畫分及分配，請參看本隊分区図表即知。

②各区工作概况

第一組：這一組的工作特點是採取強硬手段，不聽話的，故意刁難的，硬是不講客氣，趕場天喊到茶館來，当果農会負責人的面指責一番，因此，打坑的成績甚為可觀，直到返院時止，已先後作成深坑三十多個，並且都是箍口的。氯化苦的使用完全是採獎勵方式，凡是熱心蛆防工作及對此工

华西实验区甜橙果实蝇防治队第八分队（和平乡）工作总报告 9-1-175（41）

24

作有助力者，即由本隊出據通知，憑條領取，這辦法很見功效，以後其他各組也採用此法。關於分配氯化苦的有趣場面，請參看本隊工作日記二〇八頁。

第二組：這一組負責的地區偏遠，工作也顯得格外艱難，有些果農，三勸四勸也不打坑，只好再勸了，然而再勸竟會引起爭吵（工作日記一七二頁），以後，我們仍舊採行勸導主義，畢竟也收不少效果，也有人漸次作好幾個坑了，對於這種果農，就由曾祥燾特別帶着氯化苦去爲他們殺天牛，以資獎勵。他們雖與第一組所用方式相反，效果卻一。

第三組：這一組的轄地因爲子樹特多，蛆害亦不重，就

华西实验区甜橙果实蝇防治队第八分队（和平乡）工作总报告　9-1-175（42）

没有勉强一定要作坑，能燒能煮的，就自行燒煮，直至近

時止，已督促採果一次，共二百五十多枚。

第四組：這一組轄区與高歇鄉接界，且近公路，所以蛆害特重，他们兩位自從分住後，就馬不停蹄的跑着，所以該区的成績也甚為可觀，直到離開時止，總計作坑八個，摘果三千七百枚，殺天牛三百九十九孔。

(3)、工作中的種種困難

在实際工作經歷中，遭受到了無數的大小困難。

第一：是地理環境上的，和平地形之奇特，有如前述，因為這個原因，所以我们的精力與時間就感覺到有特別的額

华西实验区甜橙果实蝇防治队第八分队（和平乡）工作总报告 9-1-175（43）

25

外的負担。更因此而發生了交通和新聞的塞閉，這也是給推動工作造成的不利條件。

第二：對防治人員的頑強懷疑：農民們的懷疑真是頑強得令人可怕，雖經再三的解釋也仍有心理上的距離，這种現象，給工作增加了不少的困難和不痛快。

第三：果農自發防治熱情的缺乏：在各種政治經濟力量的壓迫下喘息的農民，似乎對這种於生活小有補助的工作，沒有太多的熱情，他寧願用直接的辦法來獲取目前的微利，而不願目前費力來爭取將來較豐的收穫。這種農民本身熱情的短少，是工作中最成問題的癥結。

第四：地方協助領導的不力：推動任何一種工作，假如沒有当地人自發的推動與努力，那末，它是無法生根的。因之，当地人士的助力是我們所切盼的，但是，事實上的反响，却給我們相反的結果。地方人士自己的領導不夠貫澈全鄉，而且他們也未有作任何的努力，那末，單靠我們自己的努力來作，這是太難了。——這也是地方力量和我們沒有緊密結合。

第五：政治力量的脫節與地方基層組織的癱瘓：鄉建工作沒有辦法脫离政治的組織與力量，但是現在農村中的基層組織完全是癱瘓與無力的，命令和決定是具文，而實際執行

26

工作又無人，所以，所謂利用政治力量也者是相当不够的（何况在某一些地方，我們甚至還錯誤的沒有利用政治力量），那末，在实際貫澈工作上，就成了無可補救的打擊。

(14). 困難的克服——勝利

工作中，我們面對着困難。

工作中，我們解決了困難。

我們用熱忱和努力来回答了地理環境的限制，路難走麼？我們更會走路！

我們用事实和工作的赤誠擊潰了農民的頑固與懷疑。你不信麼？我們有事实！

我們用抓住地方中心人物的方法來加強地方協助的力量·獲得極大的幫助·

我們用加強政治力量，用各種各樣的方法把基層組織從無力和懶散中鞭撻起來了，使可以利用的力量，發揮他的閃電力量。

這樣，在加強政治力量（這是首要的），抓住中心人物·加強工作成績這幾方面的努力下，懷疑消失了，信任有了·工作的推動有了原動力了，一個癱瘓的機構活動起來了。雖然它是那麼微弱而無力。

困難，在我們的猛攻下，崩潰了！

华西实验区甜橙果实蝇防治队第八分队（和平乡）工作总报告　9-1-175（47）

27

我們，最終獲得了勝利！——通過了苦痛的歡樂，勝利

华西实验区甜橙果实蝇防治队第八分队（和平乡）工作总报告　9-1-175（48）

28

反应

29

四、誰是工作的贊助者

三個月工作經驗的總結，使我們不得不相信：無論是擺在眼前的柑蛆防治工作，或是行將展開的鄉建工作，在這破碎殆盡的農村裡，是最寞的、無力的。

在一次派軍粮的會議上，我們宣講了一套平教會及防蛆的演說，會後一個老頭捧着派定了的粮票問我們：

「先生，這個——你們有法子免掉嗎」？

而在和紳粮們接談時，他們却是問着：

「你們究竟何時開區啊」？

這是很有趣味的對照。

下面，我們將詳細述及，在我們的工作區域內，是哪些人在期待我們，又是哪些人在冷淡我們。

(土)冷淡者及其理由：我們說冷淡，即是我們的救助工作，一般農民還是同情，當我們冒着溽暑這家那家傳遞着平教精神時，他們真是非常感動，曾為我們端茶拿烟的。但是，這種工作他們能得到多少益處？渺茫的合作農莊能減輕目前的租穀嗎？種子改良能補救數不盡的征稅嗎？這些吹糠見米的事，覺得他們無暇顧及那幾根不關大體的廣柑。

在工作中，我們常常碰見農人們將我們的談話視同吹牛：「有那好的事呀」？

华西实验区甜橙果实蝇防治队第八分队（和平乡）工作总报告 9-1-175（51）

30

真是，黑白混肴既久，白的亦是黑的了！

採冷淡態度的，大部是中小果農，他們的樹子不多，並不專靠廣柑吃飯，惟其如此，就更怕連廣柑也抽稅，歷年的經驗，教他们不得不懷疑我們這等衣冠楚楚的先生是土地呈報的丈量員了。解釋畢竟是解釋，不相信的態度是始終如一，沒有改變的，防人之心不可無，在進行調查中閉門不見或虛報的就是他們。

當然，態度表現得最冷淡，最露鋒芒的是老年人，婦女。由於他們更痛苦的經歷，便極不信任一切新的措施，他们甚至用詈罵接待我們，本隊工作日記「磚房挨罵」就是一個

例子。也有一些皇帝當道的老年人[illegible]

是天蟲，不相信能治，這当然是難得的少數。

竟有人說工作的不被接受，完全是文化水準問題，這裡，我們特從很多的例子当中舉一個來佐証：嚴廣林，他有五十株樹，却又種着很多田，当我們建議着他應挖一個坑時，他說他要修田坎，没空挖坑！態度强硬極了。但是，和他細談起來，他卻有小學以上的程度，甚麽平教會，实驗區都明白得很。這僅是教育的問題嗎？

有一種人，此地人喊為「猴」（音吼），也是看不起我們的工作的：這種人，只要同他一談話他就說刁難話，問起保甲人員

华西实验区甜橙果实蝇防治队第八分队（和平乡）工作总报告 9-1-175（53）

31

，才知道他上粮纳税也是這等態度，否定一切的。

還有更多的人，對我們的態度不置可否，向他們講着蛆柑的事時，他們是既不贊成，又不反對，也不照辦。

就是以上所述的各種人物，冷淡我們的工作，不來開會，拒絕調查，反對抵抗。

(2)熱心者及其原因：一個有趣的例子，白香廷，一個大園戶，初查時，他說只二百株樹，直到明瞭实驗区的種種工作時，便特別向我們更正：

「最近我下细數過，一共是七百五十根樹子，每年要缺一兩萬元的肥料，請你們補報一個公事」。

华西实验区甜橙果实蝇防治队第八分队（和平乡）工作总报告　9-1-175（54）

這就是：咱們平教會這一套工作的，[illegible]

我們。

又一個例子，初來時，凌英鄉長的態度極為冷淡，後遭翁縣長一申斥，見我們來路頗為不小，便處處殷勤，若說熱心，此後他真是顯得熱心的。

擁有幾百上千株的果農，沒有一個不是紳糧，柑蛆根絕了，是他們的利益最大，辦合作社，也是他們最得利，但是，這等人於我們的工作究竟有多大的幫助？碰面時點點頭，趕場時招待喝茶，坐在椅子上說硬話，遇到困難時還得求爹拜奶的托他們才却不過人情的幫忙，這也叫熱心嗎？

华西实验区甜橙果实蝇防治队第八分队（和平乡）工作总报告 9-1-175（55）

32

但是，有一些踏实的行政人員，及失学在鄉的青年朋友，不辭暑熱的為我們宣傳，帶路，於实際工作幫助不小，這才真是熱心贊助工作的，然而，這種人能有幾個？屈指可數：李華廷，陳志初，沈學良……。

(3)、鄉保甲長及参議員的作用：一般的情形是這樣，鄉鎮工作最難辦，真正有力量的人物，都不是鄉保甲行政人員，而是幕後牽線人。當然，這並不是說鄉保甲長毫無作用，在其行政範圍以内的事，他們还是有作用的，但重要的事体，他們還得請教幕後人，譬如摘青，今年的工作，本可用鄉鎮的力量，完全摘青，免除多少麻煩，但是，這些大人物的園子裡行得通嗎？

行政人員也很苦，他們一年要應付大大小小幾十重衙門的差事，而那些差事少一遲緩，就有槍桿來逼迫，比較起來，我們的工作於他們是不足輕重的。所以鄉建工作僅是得到政治力量的承認還不夠，還要借用政治力量才成。一個忠於職守的甲長，帶領我們跑一整天的路，就誤他的工作時間，我們常常不忍。自然，如前面所說，能如此，給我們的工作是有幫助的。另外，有些事情必須要加政治的压力時，行政人員也有作用，可是，押起關起那一套，與平教意旨實大相違背。

华西实验区甜橙果实蝇防治队第八分队（和平乡）工作总报告 9-1-175（57）

33

除此，他們又能作些什麼？

（四）、關於我們的態度問題：我們到鄉下來的身份是很難確定的，在一般的果農，無疑的把我們看成是官府派來的，是辦公事的，不管我們自己如何釋明我們的來路，疑惑始終是有的，因此，凡事都用戒懼的態度接待我們。而一般行政人員，見我們是無權階級，又以應付的手段對待，如第三保長鍾德沛就是一個好例，這樣，我們在農民與官之間游離着，遇着一些棘手的問題時，對農人們擺點架子吧？這不是我們應有的態度，對行政人員擺點架子吧？又大可不必。

所以，初進行工作時，無論對任何人，我們都採絕對寬

氣的態度，對果農如此，對[illegible]

由於我們對工作的責任心，由於對行政人員的過分客氣，在表現上就顯得所有的工作完全是我們的事，與地方人員沒有絲毫痛癢似的，要求「他們」，他們才「幫忙」。這種輕重倒置的趨向，予工作以許多阻碍。

另方面，我們得承認我們對一般態度冷淡的果農不够同情，不够了解，這從工作回來時常用憤怒的牢騷或嘲笑指責着不接受工作的果農時可見。

最難對待的，是那一批趨然的仕紳，他們不是官，却支配着官。我們着用公事羈住他，冀圖他能馴順的為工作盡

华西实验区甜橙果实蝇防治队第八分队（和平乡）工作总报告 9-1-175（59）

34

一點力，他又是摸不著掛不上的乾淨人物，這種人，只要他不爲我們的工作做爛藥就難得了！（

35

生活

36

五、我們的生活

(1) 住地——我們的「皇宮」

① 駕臨「皇宮」

七月十八日這天，我們一行七人，冒着火熱的太陽光，載荷了兩日來車上因顛簸和苦晒所引起的疲乏及困倦，拖着沉重的脚步，到達了「和平」隊（第八分隊）的住地——玉皇宮（我們曉稱「皇宮」）。

從皇宮的前門，摸索似地我們一擁而進，經過了兩重菩薩殿，直進入皇宮的堂奧！

傅榮洪這條大漢，早聽得我們的聲息，驚喜万狀地迎了出来（傅代領隊先去和平場洽備置）！接着驕似地：

「振得我個人守冷廟守慘啦！几次到場上迎駕，老是不見來。今天才光臨咯！」顾得我們一陣解釋和慰勉。

傅大漢好幾天的前哨戰，已給我們闢了道路。食、宿、住都替我們安排了一番，使我們相當滿意地下榻「皇宮」了！

②地形·地勢和風光

「和平鄉」整個的地形若比做一個斜寫的C字（C）那麽，「和平場」就在下面尾端的彎曲處，「皇宮」更要靠下一點。因此，我們住地的「皇宮」，是偏處「和平」一隅的（距和平場有三華里）。這是一個丘陵起伏，溝壑縱橫的山坡地帶。「皇宮」正聳立在一高坡

37

之上，地勢陡峻，略像一個小小的城堡，鎮着「和平」的西南地方樣。

「皇宮」的前面，是一個寬而傾斜甚大的石坡，緊接着坡下的田地。站立於石坡上，不但有廣濶的視野，也有足夠的空際，讓你仰視，遠望。向下俯瞰，近處四周，是一彎彎的稻田，散佈在起伏的邱陵地上。茂密蓊鬱的樹林，蔭蔽着村落，稀疏地點綴在溝穴間。遠處是一片高山，遮攔着，像一座高大的牆，分隔了和平與仁沱，真武，形成了自然的鄉界。遠山的景色，時而變換着色彩和情境。這給我們構成了優美的風景線。

③内部構造

宮内的建築分三重。前面是「關張和」「真武」的寶殿，中為「玉皇」殿，最後一重為甸上的經堂所在地。三重房舍之間又為一排縱列的屋子相毗連，中隔有兩處天井。「玉皇」殿的左側更連有較低矮的一列側室，現為甸上經師飲爨住宿之所。自辦小学以來，内部已多所改建，總計有大小房舍十餘間。

來皇宮後，我們住有寢室三間（其中一間為教室暫設），另外有餐廳、廚房、辦公廳各一。共佔有五、六間屋子，到還寬敞。寢室的床，是用黑板舖成，還算平穩舒適。直到九月，小学開学了，我們不得不緊縮防線，集中住宿在一間屋子

38

裡用桌子舖成高低不平的床，睡覺時大家擠做一團！廚房餐所也與小教師「共了起來！沒有以前的方便了！但小學開学，也給我們住在皇宮的氣候客鄉帶來新的境象。

「玉皇」殿前有一顆很大的鳳尾树，已有百多年的歷史了！枝葉繁茂密鬱，勻稱地在殿廣前撐起，濃蔭正隱蔽着「玉皇大帝」的真面目，憑添了宮中的嚴肅、莊重。

④、皇宮——工作、生活、学習的家庭！

生活了三個月的「皇宮」（其中僅短時分住開），這使我們在工作的進展上、实際生活的體驗裡、及廣泛的學習中，接觸到了各種实際的問題，得到了不少現实的教訓。「皇宮」它雖沒有字面上的堂皇富麗，也可說太不成「堂皇」樣了！但究竟我們工作三月生活在這裡的死在同志的家庭的「堂皇」。我們有了充，像據着一個陣營基地樣。在這裡，我們策劃着工作，進行着工作，將工作的種子從此地帶到古老長期落後的死寂的「和平」鄉村的每個角落。從這基地開展了三個月艱困的工作，而且尽了一切可能，解決了和克服了不少工作上的困難和阻礙。我們將緊張的工作，戰鬥的生活，不斷的學習，混然一体地統一了起來。也在這裡，我們發展了每個工作者的熱忱，堅定了工作者的信心，奠立了工作之實擊的基礎。

「皇宮」，就這樣樸樸實實地作為我們工作、生活、學習的家庭。

39

(2) 生活一般

①吃喝、洗滌、睡眠諸事

「和平」恐怕在江津工作十六鄉中要算最貧瘠的一個鄉了！市場小得僅廿七家舖面，街長約數十步，是江津最小的場鎮。也由於這普遍的貧瘠和市場狹小，很影响着我們的吃伙食」。

買東西是太不容易。市場上出售的東西少得可憐。記得第一次上街買食米，購上一斗米就把市場抓貴了！可見一般。甚至多少飲食必需品都莫得賣的。即使有錢也買不到貨。這就很難說了！我們平常要到馬鬃、仁沱去買醬、醋、鹽，不然就要吃白水菜。因此，我們遠處買到的食品，總是珍惜而節儉地使用，不得不做一副吝嗇像！

場上小菜買不出，我們經常以黃豆、豌豆、胡豆作菜，「雞蛋」是我們常吃的上菜，有時也託工友到附近農家去買一點蔬菜來吃。二、五、八是場期，是打「牙祭」的日子，每場大致消費豬油一斤，豬肝一斤，豬肉二斤，倒還够營養。

大家的飯量，都有起色，傅孚洪、李中和、周定江……越來越吃得兇，「體膨脹係數」空前上升！

由於坡地缺乏水源，當七、八、九月之間，「和平」真乾惨了！稻田全張大嘴巴哭泣之日，飲水也成了問題。近處的井

华西实验区甜橙果实蝇防治队第八分队（和平乡）工作总报告 9-1-175（69）

40

長久得着渴病，也張大一副難看的嘴巴，找水得跑到六里外去。而且还要候輪次。苦旱的「和平」，把我們長期的困惱着，飲水大成問題的時候，熱天裡最需要的洗滌更莫法解决。工友整天的為挑水而抱怨着，又加了百分之八十的工資，仍还是那付老樣。一天九人（連工友）僅共用一挑多水，緊縮得不可開交！莫辦法，已將用水減至最低限度了，每人早上僅打四分之一盆的水洗臉，还存留下來工作後回來再洗臉，洗衣，洗脚之用。「水」被我們發揮了最高的價值，邊際效用是創最高紀錄了！「旱魔」把我們個個都变成了用水的吝嗇鬼！

在這裡工作的幾條大漢，他們都知道報怨最無用！面對

着这個苦旱，又無第二個地方可以洗澡。祇好居居忍受着空

前的苦痛和悽楚。有時大家趕工乘便到崇興、真武去洗一個

痛快的澡回来，或者跑到離「皇宮」六里的小溪去擦擦澡，洗除

堆積如山時洗的髒衣，来個總清算！

睡眠也是我們生活裡的一樁大事。通常上午八鐘外出奔

勞直到午後二三鐘才回来吃午飯。由於工作的疲勞過度，午

眠晚眠都成了我們最好的享受，也睡得最甜蜜。不管多熱，

我們總睡得甜甜地死死地，忘記一切地驅走了熱流，恢復了

疲勞。工作給我們帶来過度的疲勞，睡眠——疲勞的恢復——

又反过来推動着我們工作。

41

吃喝，是給我們製造着精神的物質的力和能，而睡眠就恰好調劑了強化了我們精神的物質的力和能。最後，由於我們的運用，這就轉化到我們的工作上了。也可以說，我們的工作是和能在特定條件下的最高度地具現。

②、晨曦、曉霞、星夜之間

當整晚的蜜夢被破曉的晨鐘驚醒，我們像享受權利和尽義務般地起床來！在完成洗漱後，都酷愛着跑到室前的石坡上閒蕩閒蕩。

在晨曦中，朝霞緩緩地展露出一副幅幅丰美動人的画面！從東方昇起紅彩，向着四面擴散，慢慢紅遍了整個空際，當

华西实验区甜橙果实蝇防治队第八分队（和平乡）工作总报告　9-1-175（72）

動人的一瞥！撓着燦爛的金光，慢慢拉向田野，移注在八月的稻田，一片金黃的景色，更是說不出的綺麗。這時，我們幾條大漢中的汪、吉、許德先生處處不離本行地抱着果樹園藝坐在石坡的一角。有時拾起一片瓦塊，在坡上默寫着英文名詞，密密地排着一列列彎曲的蟻。大李常常抱着詩歌集坐在坡上興高彩烈地朗誦着熱情的詩篇。大傅、漢小、李小、徐……都各行其事地看着他們愛看的書冊，有時大家也樂於哼幾曲雄偉壯闊的歌曲。早上，是我們一天最甜蜜的時刻，我們都不願輕易放棄這偉大不平凡的欣賞的權利。同時更為了忠實於

42

自己也不願輕易拋棄這個欣賞早景的義務。

當大半天的工作，疲勞，隨着午眠（二十五鐘）相當的恢復，大家除了做一點零星的工作之外，晚霞的景幕也拉開了，我們像放下了肩頭上的重担一樣，輕鬆愉快地哼着小調，先先後後的走出宮門，閒散地在坡上凝視遠方，望望高空，看看近處田野中農夫們忙碌的收割。這使我們有着很廣泛的自由，欣賞着這一切的情境，激起了興奮，青春，活力之火！

當晚餐填滿了「体腔」脹得鼓着大着的肚皮，我們也最後地結束了一天三餐的吃喝大事。大家按着例行地把櫈子搬到宮前的石坡上，在星光或月色下圍坐起來，檢討着和策劃着工

作。这样的例会，在我们隊上是在不拘形式之下，这使我们相

討和集到工作的目的。比較說来是差些嚴肅和紧張的場面。

但这也有我們隊人客观的環境和主觀的看法必然所致。我們隊

上除五位本院同学外（後又補了兩位）有華大二人（在八月十六日离隊）

川大一人，以三個不同院校組合起来的隊，我们实在不便用

过分嚴肅和紧張給客卿过意不去。同時更感觉到过分的嚴肅

與紧張，有時容易引起不必要的誤解及感情的中傷。因此，

我们的工作例會欠缺嚴格的形式和紧張的場面。

例會完畢，接着是我們天南地北，海闊天空閒談的时候

，縱天下大事到鬼怪妖魔，却是我们談說的資料。有時大家

华西实验区甜橙果实蝇防治队第八分队（和平乡）工作总报告 9-1-175（75）

43

認認星星，攏談着星星的故事。祇它的靜穆，蘊藏着宇宙無窮的奧秘，使我们体會到自然的悠遠、深邃。

生活就是這樣刻劃出來充实的內容：我們一天大半的時間是野外勤奔勞，做着一點一滴的工作；此外，在晨曦、晚霞、星夜之間，我們也展開了各种不同內容的生活画面；过度的緊張，疲勞的工作，輕鬆的閒蕩。弹奏出我們这班流浪大漢不平凡的生活之曲。

(3)、學習情况

四、工作的學習

我們都是從學校出來的，學生生活兒，对於实際的工作更是和能力都欠缺得很，尤其是我们参加這次的鄉村工作，更是第一次的体驗和遭遇。像如何接近農民；如何說服他們信任我們的工作，協力來推動工作；這些都需要無比的耐心，堅韌和精細的。尤其是鄉村社會的士紳，袍哥大爺，鄉保甲長，這些对於我们工作的成敗，有很大的影响。為了正確運用他們在地方上的潛勢力，像怎樣與他們打交道，攀談攀談？這就非普遍的social可比，橫亘在我們工作前的阻碍和困難是這樣交比地錯綜複雜着，在我们未能克服這些具体的问题之前，我们的工作是会殞命的！

在三個月現実地工作體驗裡，我們暗自摸索着，不斷地

华西实验区甜橙果实蝇防治队第八分队（和平乡）工作总报告 9-1-175（77）

44

接受着很多次的失败和教訓，接受着各種殘酷痛苦的考驗，我們不斷地累積着工作的經驗和教訓。最後地通過了自我意識地艱苦地战斗和集体的檢討與批判，逐漸地發展了我們的工作能力，成長了我們的工作經驗。最後，我們加强了工作推動了工作。

(2)生活的学習

我們三個月中的生活学習是和我們的工作分不開的，工作的学習，也直接間接地反映到生活上來。在連續的工作学習过程中，也進行着滲透着生活的学習。我們在與鄉村社会各階層人士的接觸中，学習到了一些樸实的語言，和勤奋刻差的生活習慣。此外，工作同志間相互間的学習，生活互為影响，互相吸取，這也加强了我們廣泛的生活学習，改進了自己的生活，丰富了自己的生活。

(3)書報的学習

書報也是我們隊上工作同志渴求学習的對象。隊上借到江津去的書册很少，是不够饜足我們嗜書的渴望的。我們總時々想方設法與別的友隊交換着書册來補足。

由於办公費少，晚上燈少人多，大家都很惋惜不能多看點書，祇儘量利用早上和傍晚的時间。

隊上的報紙，是最倒楣不过的，總隊給我們訂的世界日

华西实验区甜橙果实蝇防治队第八分队（和平乡）工作总报告 9-1-175（79）

45

報，中經几次停刊，時斷時續的。而且总隊訂報的人，又不明郵路，寄在江津和平鄉，每天只能看一周以前的報紙，把我們弄得無法，只好自己去訂份新民報，寄南溫泉和平鄉，郵寄快了一半，可看三天前的報，甚為滿意。

我們三個月工作中的学習情況，也正如我們的生活一樣，有着廣大的農村社会作為我們学習的环境。因此，我們的学習是廣泛的，在工作上，生活上，書報上都有供我們細心研討学習的具体真实內容。我們也利用這些学習心得來充实我們的生活，加強我們的工作。

(4) 周遊、訪問、觀摩。

华西实验区甜橙果实蝇防治队第八分队（和平乡）工作总报告　9-1-175（80）

①出遊之前

在不斷地接受了失敗與教訓之後，我們的工作經驗和工作能力，也斷斷地提高了。因此，我們的工作效率，是在迅斷地突飛猛進！

從八月廿五到卅日，這短短的几天中我們整天早出晚歸披星戴月的在鄉野工作，整天四處奔勞着，嘗着盛夏的辛酸，將調查工作推進到空前高潮的緊張階段。在全隊戰斗員的突击之下，最後地完成了調查工作

緊接着調查之後，我們化了四天的功夫，整理各種圖表，直到九月五號，我們各方面的工作，已暫告一段落。

华西实验区甜橙果实蝇防治队第八分队（和平乡）工作总报告 9-1-175（81）

46

㈢出遊計劃

大家都想趁緊張的工作告一段落的機會，到各鄉周遊、訪問、觀摩，於是出遊計劃告產了！

一方面我們想尽量訪問各隊，以資觀摩和欣賞；另一方面我們也顧到不躭誤我們的工作，在這兩面的條件下除領隊王漢臣自任留守司令外，我們一行五人（隊上這時共六人）全部出馬，決定了九月六日出發，十一號返防。日程如下

九月 六日：崇興—高歇—杜市

七日：杜市—廣興—五福

八日：五福—賈嗣—西湖—青泊

九日：[illegible]

十日：永丰—高丰

十一日：高丰—仁沱—順江—馬鞍—和平。

而且我們這個計劃，除非特殊原因，絕不與各隊妥協，以期順利完成。

③欣賞、訪問、觀摩

在出遊計劃的实踐中，因受特殊原因影响，未能全部实現，如第四區隊也與我們不謀而和部份出遊了！我們不得不臨時改變初衷，除了與途中碰面的隊交換著工作概況與經驗外，更派李秀登為特派員分別到我們計劃中未拜訪到的各隊

47

去代表我們全队致意。這樣，我們計劃中未实現的部份，也相當地弥補了起来。我們全部出遊計劃是相當地成功了！

出遊期中，我們不但欣賞了各鄉山水風光，綦江河，水閘，鐵路，火車……也欣賞了各隊的「客飯伙食」，以及「联宣隊的公演」，都使我們滿意地欣賞到了。

意義更高出於「欣賞」之上的是訪問和观摩。從訪問裡我們明瞭了各隊具体工作情況，工作中之遭遇，及具体問題之解决辦法。我們也從這當中獲得了不少的工作經驗，而且也考查到各隊之特長和缺（短），同時也照見了自己的成功和失敗。這使我們批判地吸收了各隊的成功經驗，丰富了我們自己的經驗，這也決定了我們搶救工作和努力工作的方向。

④返「防」後

短短六天中，我們一行五人（李秀登例外）於九月十一日回到了「皇宮」，完成了各鄉的欣賞、訪問、觀摩。我們清楚地觀察到各隊的豐富經驗和工作的狂熱，使我們深怕自己偷了點懶，工作不力，落後了工作；也蒙著一切羞辱，使我們勇猛豪邁更加緊地工作！

工作的無形的鞭子，在緊促地驅趕著我們，需要著我們付出更多更大的努力！

华西实验区甜橙果实蝇防治队第八分队（和平乡）工作总报告 9-1-175（85）

好收獲

49

六、結論——我們的收穫

三個月的工作很快就結束了，在火炮声中，我們離開了和平。

這是一課饒富興味的，踏实的課程。

三個月以前，我們用讀書人的幻想所描绘的農村，在三個月中得到了印証。那是怎麼様的情景呢？

(一)、農民們是住在鄉村裡的，但是我們到了鄉村不一定就能够認識農民。知識份子與農民之間有一道不可見的鴻溝，這道鴻溝，是由於知識分子的優越地位所形成。要接近農民，認識農民，了解農民，與他們為友，只有丟掉這種优越地住所帶來的自我陶醉的意識與生活，吃苦，和靄，忍耐，然後才談得上接近他們。

(二)、已經破壞殆盡的農村，它所需要的建設是全面的，澈底的！一點一滴，看到一樁作一樁的工作，對目前的農村沒有多大用處的。像一座年久失修的房子，它所需要的不是修補而是重建！這次的蠅防工作，僅就一個農業專家的意見，確是有它偉大意義的。就專家們的想法，這工作也一定得到農民們熱烈的歡迎，但是，為什麼我們在工作中會碰到那麼多的阻力，而歡迎我們的始終是那批紳粮地主：這總不單是農民們沒有好的教育，總不是他們愚，而是除開廣柑之外，

50

他們還有更重要的生產工作須要全力以赴，幾根廣柑的生產量增加了，於他們的生活無決定性的幫助。

(三)農民們需要教育，不認識字的苦頭他們明白得很！但是有什麼辦法？他們一生下來只要長到能說話走路就要參加工作，這種工作是隨着年齡的增長一天天加重，直到老了死了，這担子才放得下。因此，鄉村教育問題，不是一個孤立的問題，而是受農村經濟所制約着的問題。要解決鄉村教育問題，開發人民的知識力，提高農民的文化水準，只有在農民經濟環境有了改善之後，才有可能。

(四)僅止是發展農民的生產力，健康力，知識力，組織力

华西实验区甜橙果实蝇防治队第八分队（和平乡）工作总报告　9-1-175（89）

還是不足以救起這殘破的農村的，一個最重要的問題是這四種力作什麽用？為誰用？如此，鄉建運動就不能不涉及一般的政治問題及社會制度問題，這即是說現在不單是發展生產力的問題，而是改變生產關係的問題。——

（五）三個月的工作經驗，使我們必得承認，我們的鄉建工作離開了政治力量，離開了現有的政治組織是一步也行不通的，而且，假若我們對現有的政治組織利用得不夠，展開任何工作都感困難，也少成效。這，只要回憶我們最初去進行工作時的際遇就會明瞭。

（六）總括起來說，參加這次江津的工作，給當地農民的幫

51

助殊少，而给我们自已以教育的意義大。至少至少，與我們脱節多年的鄉村社會，自此以後是部份的联接起來了。

华西实验区甜橙果实蝇防治队第八分队（和平乡）工作总报告　9-1-175（91）

附件

华西实验区甜橙果实蝇防治队第八分队（和平乡）工作总报告 9-1-175（92）

83

附表一

和平鄉甜橙受害情形表

保别	園户数	甜橙株数	受害程度	備註
1				
2				
3				
4				
5				
6				
7				

华西实验区甜橙果实蝇防治队第八分队（和平乡）工作总报告　9-1-175（93）

					総計	10	9	8

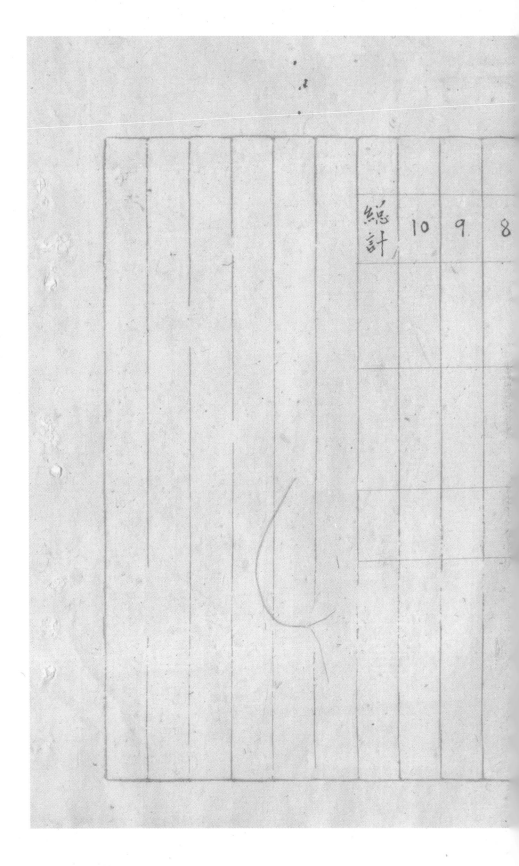

54

附表二

和平鄉甜橙蛆害防治辦法比較表

保別	深坑發酵法	火燒水煮法	石灰醃殺法	備註
1				
2				
3				
4				
5				
6				
7				

總計	10	9	8	

华西实验区甜橙果实蝇防治队第八分队（和平乡）工作总报告 9-1-175（96）

55

附表三

和平鄉蛆柑防治協會組織系統表

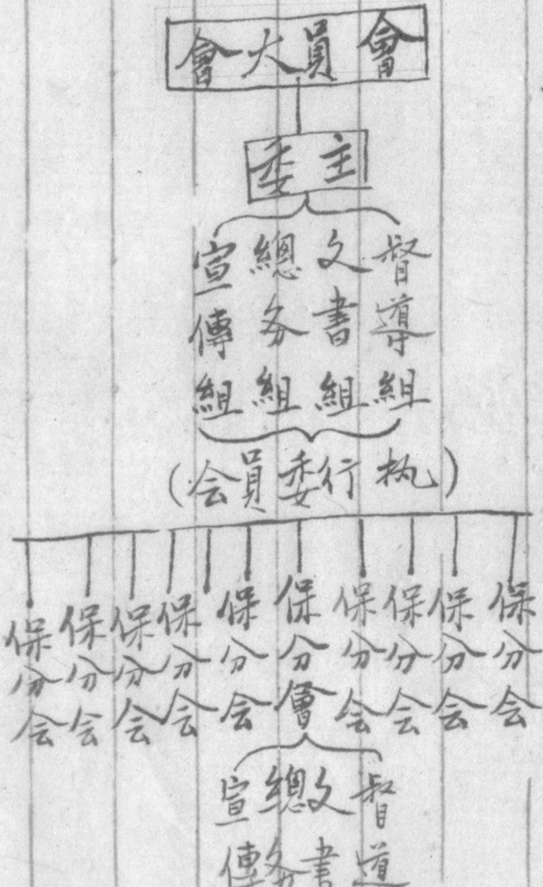

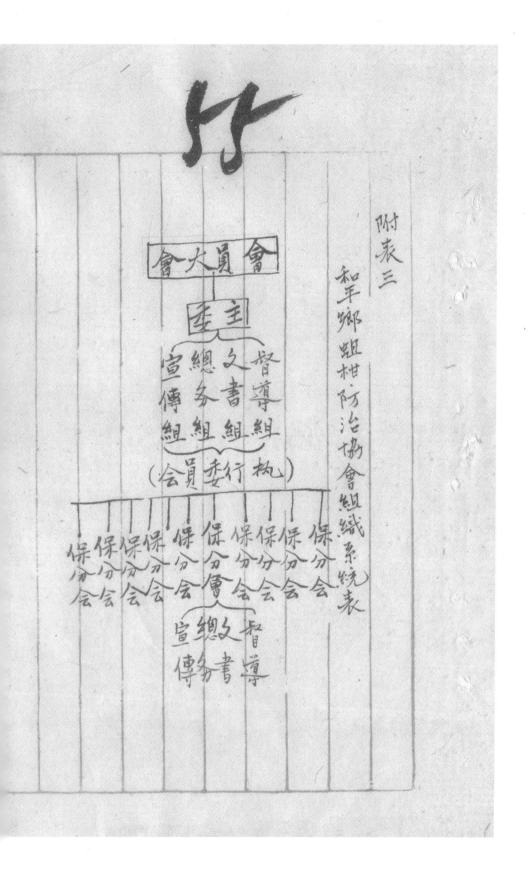

华西实验区江津仁沱乡蛆防二分队工作总报告书（一九四九年十月） 9-1-175（99）

58

平

工作總報告書

三八、十、

江津仁沱鄉
蛆防二分隊

华西实验区江津仁沱乡蛆防二分队工作总报告书（一九四九年十月） 9-1-175（101）

工作報告書

民國卅八年十月
於鄉村建設學院

1.工作概況

一、工作地點——江津縣仁沱鄉

本隊工作地點是在江津仁沱鄉，位於綦河下流，其交通水路有綦河，下通重慶、江津，上至綦江；陸路有綦江鐵路縱貫其中，火車可直達綦江。故交通方便，人口稠密，每逢趕集，市場非常熱鬧。全鄉共分十二保，除場上兩保外，其餘十保皆為本隊工作區域，縱橫四十餘華里，人口達一千二百多户，再加上該地駐軍，人事甚為複雜，初時工作頗感棘手，經多方聯絡，將地方情形完全熟悉後，諸

能將本隊工作逐步展開順利無阻，

二、三個多月來之工作概況——本隊遵照總部所擬定之甜橙果實蠅防治工作計劃，在地方人士之熱烈協助及本隊工作同志之努力下，而按步就班地將全部工作完成。茲將三個多月之工作概況，分期扼要報告於下：

(一)七月一日至十五日——這段時間是講習時間，計所講的題目有：(一)四川江津縣甜橙果實蠅初步防治示範計劃；(二)甜橙果實蠅防治隊編隊須知；(三)甜橙果實蠅防治隊工作進行須知；(四)受害果實之識別；(五)工作規約；(六)四川之甜橙；(七)果樹常識；(八)甜橙之栽培與管理；(九)甜橙之儲藏；(十)甜

61

橙之運銷；(十) 甜橙運果園農場概況調查—說明及填寫法等。

在這段時間內，我們對於普通果樹常識及蛆柑防治方法有了一個輪廓的了解，給了我們一個從事實際工作，在智識上和技術上的準備。

(二) 七月十六至二十日——這段時間是在旅程中，十六日早六時，全体工作同学，由学院徒步行至歇馬場車站，再乘專車赴重慶，至午後三時始抵達。十七日早五時，搭汽輪至江津，約午後一時始到。在江津因水太大，致停留了三天，至廿號才到達本隊工作地點——仁沱鄉、

(三) 七月廿一日至八月八日——從七月廿一日起，我們正

式開始神聖的工作，在這段時間內，我們的工作意把個
部份：一拜訪、宣傳、果園位置初步調查及繪製全部果園
分佈和行政區域圖。

在這段時間的工作，我們是極度辛苦的，在烈日下，
我們翻山越嶺，至每個果園察看，繪製果園分佈及各保區
域圖；達訪，我們很作宣傳與聯絡工作；聯絡方面多由
鎮隊與隊長担任，宣傳方式有文字（標語、壁報……）和
口頭宣傳、茶館宣傳與街頭宣傳、計初調查果園八十餘户
；出街頭壁報四期；召開果農會議兩次，果園位置分佈及
保甲區域圖於七日完成。

60

（四）八月九月至卅一日—從八月九月起，我們正式開始果園及農場概況之調查。調查的步驟先分別召集各保果園園主會談，說明本隊調查意義，然後再分組下鄉調查。計在這段時間內，共調查了八十六户。逢場日我們是作宣傳聯絡工作，本月十九日本隊舉行了一次仁沱鄉青年朋友聯歡會

（五）九月一日至九月十五日—在這段時間內，調查工作已告結束，而蛆柑尚難辨別，故我們的工作比較輕鬆，為了交換經驗，本隊全体同志曾視察順江、真武、青泊、西湖、賈嗣及五福等鄉，就搞了四五天的時間。再有本隊曾

派宋武玉、陳鐵琛兩同志參加第二區宣傳隊，在[illegible]
半月，其餘的時間，除逢場與下雨的日子，上場聯絡或在
家作統計與整理表格外，則再下鄉補查、複查及勘察殺蟲
坑。計在此段時間內，共補查了千五佰、勘定殺蟲坑十三
處。

(六)九月十六日至卅日——至本月十五號以後，我們的工
作又進入一個新的、緊張的階段，在這段時間內，我們開
始試用氯化苦殺天牛幼蟲及再度下鄉視察及督促果農挖殺
蟲坑，計共挖好殺蟲坑六處。

(七)十月一日至十六日——這段時間主要的工作是教示農

63

果園的天牛幼虫及督促全鄉果農摘殺蛆柑，全鄉除第十保全保摘青外，其餘九保都是每天到果園摘蛆柑（但有一兩家摘青）。截至本月十三日止，全鄉共摘下蛆柑兩千餘枚。此外在這段时间內，製就五個統計圖表，又出了兩份壁報，出十四號上午，隊長與傅正耀同志，上場與地方首長、父老一一告別。下午全隊同志搭船至江口，翌晨八時來[illegible]搬至重庆，十六日上午九時乘專車返院，約十二時安全抵達。

三、工作檢討與希望——這次在江津兩個多月的工作，檢討起來，当然也有收穫的地方，但是也有失败的地方，收穫的：在老百姓方面，我們儘间接或直接把教育了他们，把他们组织起来了，对防蛆的工作给他们有了一个[illegible]深刻的认识，把他们对于大学生只会穿皮鞋西装摆架子，只会吃，不会做的看法，甚至读书就是求官的看法，完全改了观。对整个江津县来说，我们掀起了一个浩荡而伟大的防蛆巨浪，使每一个老百姓都动起来，有了新生的希望。对于华西实验区来说，我们在江津打下了一个好基础，争取了一般农民的信心。至于对我们自己来说，使我们能提前得到一次实践的机会，使我们认识了农村，了解了农民的实际痛苦与需要，使我们学会了如何去接近老百姓。此外也锻炼了我们的身体。但这次工作，由于我们的

华西实验区江津仁沱乡蛆防二分队工作总报告书（一九四九年十月） 9-1-175（109）

64

5

時間及環境的關係，人力也感到不足，因之使我們的工作做得不夠徹底，譬如在組織方面，不能選出真正的農民領袖出來，宣傳起來大都變造福果表，建設農村的工作，又卻正在摘蛆柑的時候，為了我們的學業，我們又不得不撤工作地點搬回來，因之我們希望平教會華西實驗區，能在江津展開工作，除完成現在的殺蛆工作外，並從了廣泛的去建設江津農村的工作！

华西实验区江津仁沱乡蛆防二分队工作总报告书（一九四九年十月） 9-1-175（109）

65

2 生活概況

時光是不待人的，三個月的生活也就告了結束，在我們的生命史上，也多了精彩的一頁。

我們每個人都抱着最大的熱忱和信心來參加此次的工作，帶着激動的情緒，希望能真正的了解農村，得到更廣泛的智識而能滿載而歸。來到仁沱，一切都由正耀接洽好了。在靠着綦河的中心小學住，共有四間屋，我們興高彩烈地佈置起來，分為女工作員室、男工作員室、休息室、辦公室並貼上各種表格。睡午覺名為「猶一猶豬兒」，半個月稱一次体重，也填入表格中。第一月半月所得的結果全体長胖了，於是便歸功於伙食老板和大夫．到晚上就在前面院子里，由學明拉二胡，大家唱歌，有時也去划船，然後再開檢討會和計劃明天的工作，我們才真感到工作緊張的愉快輕鬆．

隊長總是以大哥自居，但他有時也天真得像小孩子，他曾為他的話不易使老百姓懂得而「焦眉蹙眼」．潤蓁也是自稱大姐，處處小心地照顧大家，她隨時向人露着手膀誇耀她長胖了，雖然別人並不怎樣覺得．正耀總是笑嘻嘻的，會划船也會唱京戲，平時也愛哼哼幾句．藏璜和式玉有時晚上會大叫大唱，而且像唱歌似的唱着：「……我好比籠中鳥……」。吴宝是因為很像小孩子，總使人聽了他的話或見着他的動作而發笑，便得了此外號。他喜欢拉二胡，有時和學明正耀争着拉。他會連飯也不吃的拉着、唱着，當他想家的時候，簡直像熱鍋上的螞蟻行坐不安。學明的笑話最多，他學着向別人講客氣話，但時常弄錯。譬如說「慢走」說為「少陪」，「吃中飯」說為「吃下午」。「打擺子」說為「打敢子」等。領隊老是在床头放一本歌本，假如你問他：「領隊你在幹啥子？」他會回答你：「在研究歌詞」。我們的伙食開得还不錯，如然個人央一碗菜，便稱為阻得交通」，因而有了「不許故意阻擋」的反抗，這些都是增加我們的和諧和快乐的好資料。

有一陣天氣非常热，我們卻还要每天走幾十里路，找不到一點水吃只好吃蛆柑。回來後又要毫不休息地陪那些來玩的客人，而且因工人做事太慢，脾氣又大，还要全体下厨去弄菜。尤其是夏润、蔚琼每次總是累得要命，做菜只有她倆才是內行，別人又無法帮忙，次數太多也会使人心煩。加上飯吃得太遲而影响到工作，所以我們便另換了一個工人，也就不用監厨的，一天到晚守在厨房內了。即使客多也不會再愁着客人因飯太遲而餓肚子。我們和地方上的青年處得还不錯，彼此都覺得需要联欢一次，就由我們來主持開了一次联欢會，到的人相当多，會後他們那些青年朋友馬上選出各保的負責人來協助我們的工作。我們都感覺到這次的會，不單是玩一陣而也有很大的收穫。

由於对工作的成功估計过高而免不了有些失望，由於各個人的個性不同和氣候影响到大家的健康，我們也过了極不痛快的日子，我們除了每人每日輪流在生活日記上互相批評、自我檢討、增加大家的友情和進一步了解工作，還有過兩次總檢討，把各人心中的委屈和不滿說了出來，我們中間仍然是非常和諧而有在着諒解的。惟一使我們感到遺憾的是澗葵的走，她走了後对我們的工作实在減少了力量，对我們的生活也有不少的影响，雖然我們並不常提到她，然而大家都在惦念着她，誰也不敢說出來，尤其在歸去的時候，誰會不感到少了一個有力的好朋友！

中心校在九月初開校，我們於八月卅一日搬到張石溏田家，因屋子不够，女同學便住廣柑儲藏室，男同学下面較熱，所以有要換給女同学的茅草房，他們便找些理由來說茅草房的不好，譬如地濕、太冷、門外有糞厌等，他們就以他們住的瓦屋為榮，連日的雨使得大家都感到沉悶。女同學对那有了水坑而時常從屋頂掉下毛虫，和起風時滿屋灰塵的屋子也發生之惡感，再也不以「涼快」自得，

华西实验区江津仁沱乡蛆防二分队工作总报告书（一九四九年十月） 9-1-175（116）

4

68

然而天氣一晴又是明朗的日子，大家的心情又变得很輕快了。在收穫的情緒高漲的時候，我們和民教主任、一位参人、工人，共同地度过了中秋節。

尽管我們的工作沒有达到預期的目的，我們因此感到慚愧和不安，卻並不曾心灰意懶。尽管我們也有过不快和苦悶，我們卻也是彼此很友善地对待。尽管我們的生活不像白玉般光亮、宝塔似的輝煌，然而也不是暗淡地过去的。我們更珍貴我們所得的經驗。

工作已經結束了，當我們回憶起來难道會不留恋这充滿了幸福、活力的日子！

华西实验区江津仁沱乡蛆防二分队工作总报告书（一九四九年十月） 9-1-175（116）

华西实验区江津仁沱乡蛆防二分队工作总报告书（一九四九年十月） 9-1-175（117）

5

69

3、工作經驗

目錄

一、為什麽要寫工作經驗

——前人種竹後人園

二、怎樣接近群众

——把自己看成一個小學生，和他們站在一條線上

——一切以群众利益為前提，福利地方為目的。

——用請教，友愛的態度閑導老百姓。

—當心作的批評

三、怎樣訪問、調查和宣傳

—調查、訪問和宣傳合一

—領隊的任務和示範作用

—我們的子孫將是幸福的

—不要半文錢、不偷一根草

—見那行人談那行話

—小心惡狗咬人

—方言是工作的工具

—宣傳的地位與實際行動的重要性

华西实验区江津仁沱乡蛆防二分队工作总报告书（一九四九年十月） 9-1-175（119）

70

四、怎樣組織果農會

—希望高失望大

—要有能幹的人，才能幹出好事。

五、怎樣选定示範果園

—示範的條件乃工作的對象

六、怎樣辦伙食

—分工負責乃合作

—有什麽方法讓肚子不餓

七、怎樣採集標本

—隨時隨地要仔細和耐心

八、怎樣保健

——沒有健康就沒有工作，沒有休息也就沒有健康

——病前重預防，病後費用藥

——開水是熱天的生命線

九、怎樣聯絡與分配工作

——資料收集、分類和保管的重要

——商量，商量再商量

十、怎樣領導

——沒有領導，沒有服從

华西实验区江津仁沱乡蛆防二分队工作总报告书（一九四九年十月） 9-1-175（120）

8

71

——高度發揮自動、自發以身先士卒的精神

十一 尾語

——沒有勇氣便不工作，經驗是從工作中得來的

——工作即學習，學習要工作

华西实验区江津仁沱乡蛆防二分队工作总报告书（一九四九年十月）　9-1-175（121）

72

9

一、俗語說得好：「前人種竹後人園」。我們之所以要寫工作經驗，無非想把這三個月來的得失及其得失的原因，詔諸讀者，或可供後人工作的參考，或藉免再蹈失敗的覆轍。

但由於寫作能力之有限，無法把工作的經驗扼要地描述，況又掛一漏萬，錯誤在所難免，幸祈校內外諸師親友，賜教爲感。

下面便是第二分隊（仁沱鄉）三個月的工作經驗：

二、怎樣接近群众

爲了工作的需要，我們接觸了各式各樣的人，如鄉參議員、通指導員、鄉長、保長和小甲、校長、教員、工友、工程師、地方長老、地主、農夫、農婦、佃客、紳士、小學生、鄉下姑娘、除內外的同學、朋友……等等。

我們先把自己當成一個小學生，一点也不擺起大学生和惟我獨尊的架子，這樣地走到他们中間去，和他们站在一條線上，虛心而又忍耐地接近他们，一切但以群众的利益為前提，以福利地方為目的，除了自動的去個別拜訪他們之外，还要熱烈地欢迎與接待他們或她們。

对一切有卓見、有名望和有力量的人，要誠懇地去向他們請教，有時他們也會很懇切的和我們談長論短，对於一般的群众，则应用友爱、研讨的態度去和他们相處，对於病苦無能和頑固执的人，祇有用至扶助、開導、教育感化的方法，而且要有耐心。至於那些天真活潑的小朋友們哪，对於我们的工作也是有直接間接的影响，我们都裝作好奇貪玩的模樣去親近和教育他们，從这中间更可以普现升起中國的勝利的曙光，心中便感到無限的愉快。

只要我们和群众處得好，他们總會多方面的有利於我们的工作，這是十分重要的，所以鄉建工作固需專才，而專才也得通曉一些應用農村的東西，要如此才能在鄉村社會里吃得開，尤其是中國的人物，[illegible]

，如能在某些方面適当地給他們幾頂高帽子戴，也很可以收到一部份預期的效果．

為了互相观摩、互相鼓勵，各分隊間同學的往來，大家都應該表示欢迎，並交換工作和生活經驗，若有某人在無意中表示了冷談，容易引起無形中的不快和誤會．可是碰到太熟的朋友來了，就不但用不着特别分身去招待，相反的倒可以大胆的挂差，幫忙自己隊里工作．

隊内同学與同學間，日益發生更密切的關系，因此也就容易發現對方的缺点和錯誤，如果由於批評者本性好意而態度欠佳的批評對方，卻無往往會發生意料之外的反效

11

74

果，不但对方不接受批評，且認為是故意的破壞和打击，致起無謂的糾紛，伤了彼此间纯真的感情，甚至影响工作的推展，這也不是沒有的事情，而是我们宝贵的經驗。

在個人方面來說，不自高、不自傲、不争功、不訴苦、多反省，認錯改过，多用实際行動和崇高的品德去感召、去說服並帮助別人解决困难，這些都是應該知道和做到的。但在团体方面來說，又應該顧全大局，考慮各個人的特殊條件和困难，合理而和善的處理一切问题。

二、怎樣訪問、調查和宣傳

华西实验区江津仁沱乡蛆防二分队工作总报告书（一九四九年十月）　9-1-175（127）

我们一直是採取訪问、調查和宣傳合一的方式，在要借重地方的力量，我们先行拜訪地方首長及有名望的士紳，如留日工程師袁觀光老太爺，鄉民代表主席楊紹文老先生，热心的區指導員蔣　，縣參議員吳達观，合保保長及開明的果農張庭輝老太爺等等，希望他们能協助或代為掃除一些不必要的障碍，以利本隊工作的推行，然後有集体的訪问全鄉各大園户，至此，全鄉的人文地理在我们隊員的腦筋中有了一個初步的印象，同時也就進行了果園位置分佈圖的繪製，全鄉果農对蛆防工作反應的情形，也现出了大概的輪廓。

75

12

对外的访问和发表谈話，有領隊二人員責打前鋒，作一個有力的示範，使隊員們有個見習的机會，多少方便了以後的分組為下鄉工作。

想起當初，每到一家園户，他（她）們都用懷疑、驚懼和逃避的態度对待我們，使我們覺得毫無办法，但經一番苦心的宣傳说明过後，把我們的立場、態度等等，耐心仔細地向他（她）們解釋，於是他或她便從屋里拿板凳出來，讓大家坐下，臨別時，他們还殷切地熱送着，指示我們的去路，並在我們每一個人身上，寄與無限的希望。

老百姓並不是空想中的那麼簡單、那麼頑固愚昧和

不可親，只要你肯用心注意農[illegible]

已瀕小得連一個小学生都不如，只要当政的人和有志氣的人肯把視線移向農民去開荒和培植人民的力量，人民的力量是一股不可抗拒的洪流，中國的前途是有希望的，我們的子孫將是快樂幸福的。

這些話，也只有真正從人民中出來，又鑽到泥土里去的人，他才会相信。二

有一天，袁老板攔住門要我們在他家用中飯時，我們說：「我們屋头还有人看家，一早就說好了的，一定要回去吃飯。」又有一回是初訪的時候，我們打開水壺喝開

13

76

水，还說：「你看，茶都是我們自己帶，不吃你們的，不要你們半文錢也不要你們一根草。」一個裴婦張開大嘴哈哈的笑了兩声。又有一回，二位工作同志到黄金塝（第三保）看張大爷示範果園的老木虫，並替他用枝剪與鑿子修枝，他連那根樹子那一部份有幾個小洞洞或那一根樹子有老木虫都記得清清楚楚，好像人們永远記得自己有兩隻耳朵似的，过了半晌，張大爷的老三便走前來，喊我們到屋里去休息，我們明白，他這所謂「休息」，又是像前兩回一樣，已經準備好了吃的東西，喊我們去吃，這時心里有說不出的矛盾，左思右想都沒有办法逃脫張大爷的款待果然，一進門便見桌子上，擺起了三件[illegible]，其中一件是張大爺的，另兩件便是用來招待工作同志，而老三爺悄悄地避在外面不進來了。像這樣的例子很多，楊家周家亦莫不如是，想在其他各隊中，連果農家中有結婚的喜酒喝時，也要請蛆防隊的同學去吃，更是使人永遠忘不了中國老百姓的真、誠、樸和可愛可敬！

然而當第一次到一家老婦人家作調查时，老婦人不但不接待，反而急急把门關鎖起來，很快地向坡那邊跑去了，真叫人氣惱，一点办法也沒有！

這一百八十度，態度和認識上的轉變，不是偶然的，

14

77

也沒有什麼神奇的地方，值得神奇的為什麼用头不讓我們入屋或以白眼相迎?!

起初，我們都是抬出剎D.D.T.做牌子，「我們是來看你們的柑子有沒有蛆柑，好拿藥來殺，不要錢的」。的確，D.D.T.這种宝貝是起了相当大的作用；否則真不得其门而入，更用不着說調查。

可惜D.D.T.的威力不能用於蛆柑上，殺蛆立效。好在另外还有許多土法子，又經濟又可靠。

我們從保長或旁人的口中，探知了園主的姓名和住址之後，一到屋边便问：「××老板在不在屋头?」「我們找老板摆吓龍门陣」並且說：「我們是從王爷庙（從王爷庙在仁沱场街端，靠綦江河畔，乃全鄉男女老少最熟悉的地方）來的，看蛆柑的，不要緊嘛！」「我們都跟鄉長、保長，打过交道的，还有×老太爷你們認得不？我們也常到他家里耍过的，我們不是來向你們要錢要米的，你看，這張就是×老太爷為我們填好的表格，你們不用怕。」這樣，就增加了果農对我們的信心和減少了不必要的怀疑。

「見那行人，說那行話」這里又应用着了，先做訪问工作，從農民的現实工作與生活談起，摆家常，見机行事地舞形中轉入了正題，這也就是宣传的階段吧，比方說，

华西实验区江津仁沱乡蛆防二分队工作总报告书（一九四九年十月） 9-1-175（133）

15

78

我们是什麽人？从那里来的？来干什麽？有多少人，住在那些地方？吃那個的？为什麽要防治蛆柑，怎样防治？防治好了要不要纳厘金等等，再进而談到調查的意义及其对果农切身的利害关係。对他们所怀疑的，不管大小问题，能解释的，立刻给与解释，不能解释的便坦白说明我们不知道，以便再行设法。二次碰头时作個比較圓满的答覆，这答覆是经过自己的考虑和同志们的商讨，或请教过总队部先生而得的结果。

調查前後，尽量听取和收集民间的意见，以定自己进行工作的方向，免得临时碰壁而埋怨这個不是那個不对。

一般的說，都是先調查果園而後調查農場和農
當然，調查者的言談態度，一舉一動都應該隨時注意
，以免引起農民的惡感，致使第一個印象便不好，尤是農
婦們会特別注意我們的這些，我要雞狗牛羊和耕地面積以
及一年四季各种作物的收入數目等，我們應該对農婦們特
別留心对付，因為她（們）可能三五年都沒有離过场，鄉
场原是該鄉經濟集中和文化薈萃的地方，而且丈夫們知道
的見聞經驗，大多並不告授給她們的妻子或女兒，致使這
些一埋沒有鄉村偏僻处的女同胞孤滯陋寡聞，少見多怪，对
外來的人，還以特別的眼色。

华西实验区江津仁沱乡蛆防二分队工作总报告书（一九四九年十月） 9-1-175（135）

16.

79

那真是一個嚴格的考驗，滿口本本上的名詞和術語，在民衆面前說話所得到的答覆是：「懂不到！」這是工作者本身的困難，也是工作上的大障碍，能够克服的困難，还是趕早克服掉吧，否則臨時才覺得語言是工作的重要工具，需要應用民間語言時，已經是來不及了，奈何！

我們根據総檢討会，調查小組的決定，再參酌本地方的情形，製成一面積折綜表，接着這個表，把調查表格上初記的鉛筆字改填一次。至於後來関於調查方面的各种比較表格，都是在返院前，即工作地点，須常設和極簡單的但是製成的創造品，雖然比不上美術圖畫那樣漂亮好看，

但，这是实的，真的，不虚是[illegible]

时间好成。

乡下的狗多又凶，一個院子里，三四隻狗实在猛虎豺狼般的衝过来，给自己一個围攻是平常了，有的恶犬要阴到咬人，更是叫你提心吊胆，苟有半節疏忽遭遇不幸，那才吃虧呢！除了携带随手的防禦工具以资抵外，能在离屋稍远处：「喂！请×老板出来帮我们看吓狗！」或「喂！你们家狗咬人不？」如此，老板或其家中人，一定会出来助你一臂之力或解开重围。

下雨天，老板多在家里，所以利用雨天下乡也是個办

80

17

法。赶场天，大家都上街去了，我们又最好适应地到街上或茶馆里会人，如能召先约定会面的时地更好；如果一定要在赶场人到後去会人，则利用清晨或傍晚的时间去工作也未尝不可，因为他们都在早饭後才出去，而傍晚时他们都归来，正其为此，有一段时间我们很早就吃早饭，同时也学惯了走夜路。

在宣传方面，还有街头壁报，其字粒多半按照中壁报的字粒放大五倍至十倍以适应当地的需要，此外篇幅的大小，内容的要项及其负责稿件抄写的人选等，甚至张贴的地点和出版的时间，也都经过会议，大家慎重研究後决定因為这也会影响到壁报文字宣传收效的大小。标语……如能分别拟定後，再由大家共同研讨修改，也许要周密有效得多。張貼壁报、標語的時候，在街上如見現成擁擠，而可乘机大胆地給他們一個集体的宣传，因為那是現成的宣传对象呀！可惜我的壁报、標語文章等等的宣传，还不够理想中的那樣通俗和充实。文化宣传，应该在文字上和字體上特加注意，别字和太潦草，一個是降低了自己的威信，一個是減少了宣传的效果，核对，是个好办法，克服上述困難之一。学会坐茶館，方便的地方是可以逢场天和地方人士联络（低層的老百姓，少坐茶館），並從了

81　18

宣傳和調查・街头漫畫和解释五彩連環畫，也很可以当作宣傳工具之一・兩次试驗的结果，观众近達一千人・可惜本隊会畫的人太少，不足发揮其中的威力・僅有的十九幅五彩連環畫，原是求别人（剑君）合作成功的・联合宣傳隊的成立和演出，更加強了宣傳的作用，引起更普遍的注意・以上都可以說是屬於集体宣傳的方式・至於個别宣傳，亦是頂重要的一回事・

總之：我農之間，由完全陌生至完全熟悉甚若親似一家人、接受我們的意見、協助我們的工作，決非一二人於短期間所能成实的正確的事实，加以發揚光大，而对那些虚偽和醜惡的不客氣的揭穿、打倒！然則宣傳不僅是用嘴用筆，要能同時用手用腳和流汗出力等实際行動的表現，才是最有力可靠的東西、

在宣傳的过程中，不放棄任何可以宣傳的对象和机會

三.怎樣組織果農會

組織就是力量，散乱的棉花棉絮可以变成衣服穿，便是組織的好處，当我们第二次下鄉時，便提醒果農有関組織的问题，然後拿青泊、高牙等鄉的防治公約和章程，專

华西实验区江津仁沱乡蛆防二分队工作总报告书（一九四九年十月） 9-1-175（141）

82

19.

送鄉長指導員及參議員等作參考，徵求並商討進行組織的辦法，促請召開籌備會並成立上述組織，可惜由於主辦負責人不甚得力，果農會幾乎成為空架子，好在我們當初就沒有把希望完全寄託在他們身上，而把自力更生的種子播種在佃層果農們的腦筋裏，否則今天談起來真要失望了！

四、怎樣選定示範果園

根據總隊部的指示，參照地方的特殊情形，我們選定了二家示範果園。

隊工作的意义，他很関心柑子树上的各种虫害和研究防治的方法，並且注意栽植柑子树的土色和施用肥料，他說，園子里的事情請工人做總沒有自己親手做的有效可靠，因此家里也有修枝除草的殺和傢私，為了工作的需要，本隊工作人員曾先後到張家果園六次，而其中五次，都接受了張大爺懇切的招待，當我們收拾行李準備起程返院的那天，他老人家还穿着新乾淨的長袍，并着揹擔來替石灘和我們送別

楊家是鄉民代表的主席、顏宇泉里，且有楊氏双胞弟兄（炳麒與炳麟）兩人經常與本隊作密切的聯系，協助工

83

20

作，因此選定這家果園做示範，又是意料中事，

田家因栽橘樹子要多一點，但由於他家房子寬，極力地欢迎我們，况且自中心学校開学後，多經几度努力，均無法另覓適当住处，終於決定接受田家的欢迎，從王爷庙中心校迁到接石灘來住，其果園就在住处的近邊和門口，做起実驗來倒很方便。

以上三家果园，不但先後至少兩次去用氟化昔毒殺天牛幼虫、老母虫，並且还借備着专修枝的銅鋸、鑿子、泥剪等工具，為他們修去枯枝残葉和除草，既如此，園主对我們欢迎的程度也益發熱烈！

另有一家叫馬紹宗，是仁沱鎮第七保前保長，在宣傳、摘蛆柑，看蛆時協助工作等等實際行動上，对我们歡迎的程度也不下於上述三家，此外尚有好幾家热心果農，希望我們去工作，当然大家都無条件的欣然前往，全心全意的為他們做事情，何况我們根本就是以一般果農為我們此次服務作对象呢；

臨結束時，曾以所餘少量氟化鈉分別贈送一些給他們，藉資鼓勵。

在借得的一切工具中，我們都特别小心保管和使用，以免遺失或損壞，曾經不幸把田家的一把看蛆的圆鑿子失掉了，我們便毫無疑慮的親自到街上定打一把新的去償還回家，正好在中心校時，打爛了和尚的碗，一樣買新的去賠償，一樣，我們想，要做農民們真正的朋友，對這些小地方，應該格外留意。

五 怎樣辦伙食

伙食本來就是麻煩瑣屑的事情，但本隊卻順利地解決了七八個人足足九百頓的肚皮問題。

伙食老板有兩個，每半月一次輪值一次做經理，由六個人（領隊和後來的民教主任例外）輪流做值日（包括盥厨、抹貫、記賬、整潔、招待及寫生活日記等）、小菜是天天到街上去買，米、盐和碳則由經理統办。如有地方人士來訪，總希能留着吃飯，藉表敬意，如有他隊同學來時，就要多放点米，須防着飯不够吃，振習大家吃不飽，心里怪不安然；如果米已成飯而客人臨時增加了，那很可以乘近街之便，去買包子或下麵吃，也是個解決肚皮問題的办法之一，偶開飯時间过遲，更去找速設法，免使大家無辜挨餓；年青人飯量大，工作又很疲，吃飯確是個重大的问題，当初有人希望降低飲食標準，但為了工作和身体实際的需要也就打消了这個念头。

好在我们全都不抽烟不喝酒，又少另用，更没有像青涓等队以钱买米，再以米易菜折两方面吃亏，同时煤碳方面也不称太贵，所以伙食还能好好的维持下去。

伙食老板很经心，值日更不推诿应尽的责任，还要能干的值日同志会办菜，我们都要多吃些饭，至于每天清早就起床到菜市买菜的事情，大家已经训练有素了。

六、怎样採标本

我们原先认为採标本是附带的工作，所以就没有像别的有些队中，分一部份时间去从事专门的採集，说起来真

是不免有点愧恩。尤其是自九月中旬後，本隊標本的[illegible]

一個負責人，對標本工作更是一大損失。好在負責人把絕大部份時間和精力都放在主要的工作上去，或是可以告慰的地方。僅有的九十種植物標本和一部份動物標本，是在工作餘暇和工作途中隨手採得，利用清晨或傍晚甚至犧牲睡午覺的時間，加以壓平和換紙等初步整理工作。

總之：一種標本從發現採集、整理、固定，到實驗室裏，中間經過的手續和人力時間並不簡便容易；而是匯合了許多人工的力量而成功的，隨時隨地都要仔細和耐心。

86

七、怎樣保健

健康第一，工作第一，沒有健康便沒有工作的可能，而沒有休息，也就不可能有健康。飲食不能開得太壞，跌傷了要立刻並時時用藥，星星之火可以燎原，小小的傷口，更可能有致命的危險；熱天，開水是生命，養成決不酗酒，抽煙的衛生習慣，隊中保健組按時發藥給隊員，當即服用。

萬一不幸有人病了，不但他（她）自己在精神或皮肉上蒙受無限的痛苦，而且影響整個工作的推進或同志們工作的情緒，又是嚴重的事實，打了擺子不能出門接客，爛了脚跟無法再爬山越嶺下鄉去，傷了這一個手只好用另一隻手去洗衣服，連衣服的汗漬也無法洗掉。此外整潔與健康也是有関係的，假若你不小心把桐油罐子或桐油灯擱在飯碗旁邊，使飯碗沾了桐油，那真是一件不痛快的事情！

今天沒有休息或休息得不好，那明天的日子便不好过。昨晚睡得不好，今天便在訪問楊家的板櫈上摔起瞌睡來，不曉得楊老板對我們工作同志的看法如何？所以非有特別的事故，晚上不要很遲才睡覺，白天才有比較充足的精神去從事繁忙的工作，即使有時午覺時間要節省，大可以適当的派出代表或輪流替換去應付、起初我們很笨，總希

87

望全體出面，始足以表現歡迎的熱烈，其實並不盡然；

对於休息的環境，如能加以恰切的處理安排或改善，亦不失為聰明之舉。

皮膚跌傷或抓破，要有勇氣用消毒藥水如酒精等，果敢消毒，免得後來生膿浮腫，時久不癒，所謂「忍得一時之痛，可免百日之憂」，正為此意，本來可以用最普通的消炎油膏治好的傷口，但若不加經心天天換藥，那真要延長痛苦的時日，這是我們有實際的經驗，一般朋友也都曾經注意到這小小的事情。

每天開水要多準備一點，既可奉客，又可解渴，還可制牙，甚合衛生，煙酒不沾，不但可以使百姓認識我們是新從學校出來的新青年，易與一般社會工作者區別，且對個人的生命健康和經濟，均有莫大的關係，卻為許多朋友所忽略。

八、怎樣聯絡和分配工作

本隊隊員對聯絡工作經驗很少，都是在摸索中嘗試，幸喜對地方上的一切上層關係有商領隊作主，隊長隊員只是站在見習和協助的地位，有了這個見習的實習機會，那些當初認為很困難的一般應酬，現在是有點信心了。至於

88

中下層的地方联絡是配合宣傳工作分由各隊員負責，其實這才是最緊要的一步。

至於負責联絡組的李植工作，多偏重於文書和紀錄等方面，一切資料的收集，分類和保管，只要肯努力，有耐心和興趣，也很可以做出許多事值得大家紀念的。紀錄員自動地負責各種大小會議的紀錄，正其如此，他（她）很能在會席上，起糾正和催促執行的作用。最近，總部曾向我們隊上要一份又号的農民報，（內有重要資料）和一份保全的「農訊」，都由我們的联絡在文檔裡便當地取出，如意照办了。

华西实验区江津仁沱乡蛆防二分队工作总报告书（一九四九年十月）　9-1-175（154）

分配工作是件頂要紧的事，但过去的工作分配时、
分配工作前関於「商量」的必要，如果没有商量（用晚会
的形式）就没有让隊員们发表意見、报告工作、檢討工作
和計劃工作以及好好地分配工作的机会。有時候、某位同
志因故缺工了，或某些同志在工作上碰到釘子或困难，假
設没有商量没有晚会，别人那里会知道？那里会跟大家有
及時注意，從速設法解决和處理的可能呢？
綜而，會議商量，而没有記録的時候，会场上就覺得隨
便、散漫、什乱和不严肃、不認真，工作的分配也会不甚恰
当、領隊或隊長，待行将要散会時才給隊員们分配工作，匆

89

匆忙忙，既誤時间，又不仔細，不是好事情，

因此，會說和商量是必要的，為了工作為了進步，我們應該好好的利用並運用這種有力的武器！

九、怎樣領導

任何一個团体要搞得好，都要有高明的領導，一二個月的工作和現實碰面之後，我們才深深感覺到做隊長不是太簡單的事情，同時也明白了隊長與整個工作關係的密切，同事間的感情沒有正常的表現和聯系時，任你再重要、再容易的工作，也不便於動員大家起來幹，因此隊上的整

個工作也往往會受到阻碍！

一般的說來，領導者的脾氣要比人家好，胸懷寬大，其對工作的信心要強，处理问题的方法也最好能比別人多，尤其是在許多实際行動的表現上，當有身先士卒，先公後私的精神，然後定能獲得隊內人員的爱戴、擁護和支持，隊外人士也会对隊長另眼相看，特別的尊敬。

此外，在一切隊務的處理上不偏不袒，不自私，不利己，不以勢以力而以德以理服人，合理的分配工作，並經常的隨時隨地留心檢查隊務和一切有關工作，關心並解決隊員的实際困难，隊長不但要與隊員領隊處得好，甚且對隊員與隊員間仍應有諒解和正常關係，也應當為了工作的推展，大胆的負起責任來，如此把隊伍組織得更堅強，堅強如鋼似鐵；

這樣的隊長，任何朋友都会尊敬他、佩服他，擁護他，從許許多多的實際行動去支持他；那麼這個同伴才真領導起來了，工作成功的結果，這個隊長必然要佔一份；

反而，另一面，在隊員來說，也應該同樣的體諒領導者的困難，只要他領導的方向不錯誤，大家都應該顧全大局，犧牲小我，高度的發揮自動自發的偉大的精神；否則若完全丟開團体的單位不談，光談領導，那是空中樓閣，不可想像的荒謬！

十、尾語

最後，鄉建工作是艱巨、永久而又偉大的，沒有勇氣去嘗試，便永遠得不到工作的機會，也永遠得不到實際有用的經驗。工作之後有了經驗，才能鼓勵青年朋友們努力繼續前進！

一切人民的事業和現實的政治關係不可分割。他們說：「蛆柑可以防，黃果(註)防不了」。他們和他們都很這些暴虐的兵，很、很入了骨！這些兵，固然不講理，無人道。

华西实验区江津仁沱乡蛆防二分队工作总报告书（一九四九年十月） 9-1-175（159）

28

「這些狗X的雜種，簡直是強盜」：一個保長爽直的對本隊工作同志這樣說：「這些狗東西，快点送去塞砲孔！」我們善言劝他們自己設法防止，他們說：「吓，你敢說他呀，他比你还要兇！」」。那天，夏老太爷对某些說：「喂：同志，我这柑子树，政府（他误認烟防隊是政府派來的）登过記的喲，你們莫乱摘呀：柑子也还没有成熟嘛！」你想他們（即駐紮在仁沱鄉紫河村岗的鳴公槽的單隊）怎麼樣：「哈！政府的嗎？我还要多吃点！你們捐政府，我們不得捐政府，我們就是X老板的軍隊！」他們繼續惡狠狠的用腳想敲車那些半青未黄，全酸不甜的柑子，又從樹底下抬起一個個剛在車落的柑子，裝此口袋里回去，滿載而揚長而去了。

臨結束前不久，街上有他們團部的告示，勸導那些士同志不要再亂摘民家的柑子。我們想，也許就是蛆防工作總隊和縣政府通力合作，促使該兵團團長注意民間疾苦并積速設法解救的結果

（註）鄉下人稱那些穿黃色軍服的散兵為黃蟲，因他們害民而非益民之故，正如可惡的蝗虫一樣。

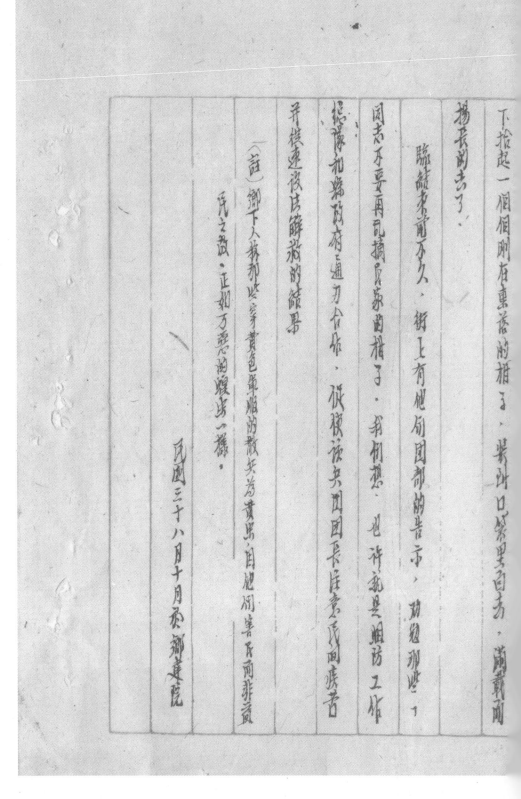

民國三十八年十月 愛鄉建院

华西实验区甜橙果实蝇防治队工作报告（一九四九年七月至九月） 9-1-184（103）

76

中華平民教育促進會華西實驗區甜橙果實蠅防治隊工作報告

民國三十八年七月至九月份

华西实验区甜橙果实蝇防治队工作报告（一九四九年七月至九月） 9-1-184（104）

77

中華平民教育促進會華西實驗區甜橙果實蠅防治隊工作報告目錄

（一）報告

一、緣起……第一頁

二、工作準備……第一頁

三、訓練……第二頁

四、工作進度……第六頁

五、工作進行實況……第八頁

六、今後之防治之措施……[illegible]

（二）附件

一、四川江津縣甜橙果實蠅（巨疏）初步防治試驗報告

华西实验区甜橙果实蝇防治队工作报告（一九四九年七月至九月） 9-1-184（105）

二、江津县各[illegible]产量表
三、甜橙果实蝇防治队编组须知
四、甜橙果实蝇防治队工作规约
五、甜橙果实蝇防治队工作进行须知
六、甜橙果实蝇防治队工作区域内甜橙林业分区表
七、甜橙果实蝇防治队工作区域内果实蝇为害估计表
八、工作标准（附说明书）
九、人民防治蝇具公约罚例
十、各乡出席代表会章程条例
十一、示范果园公约

78

十二、民国施况及示之[illegible]

十三、甜橙果实蝇防治法

十四、甜橙果实蝇防治之宣传[illegible]标语

十五、甜橙果实蝇防治工作区域图

华西实验区甜橙果实蝇防治队工作报告（一九四九年七月至九月） 9-1-184（107）

中華平民教育促進會華西實驗區甜橙果實蠅防治隊工作報告

三十八年七月一日至九月三十日

一、緣起：四川綦河流域之甜橙在口味、色澤、香氣及營養價值等方面已引起國內外之注意（詳見附件一），果農如五口之家植橙百株即可溫飽無缺，全區賴以維持生活者約五千餘戶（詳見附件二）。惟近年來果實蠅為害日趨嚴重，受害最重之果園竟達百分之七十，[illegible]百分之十，平均估計百分之四十，而受害區域日益擴大，在受害最重之區域，果農已束手無策，任其發生，無意經營，而有伐樹之情形。若不謀挽救，此有益民族健康將來在國內外有地位之農產品將日漸衰萎而行絕滅矣。本西實驗區農業組有鑒及此，曾於本年四月與四川[illegible]農復會合作[illegible]

農藥世界[illegible]

長安縣先生之指示，發動民力舉辦春蒸，以作大規模之[illegible]

因蒸薰須吸食及太陽照曬而消滅之，當時未能舉辦，其原因如下：

（一）綦河流域華西實驗區尚未開展，以人動民力需要大批工作人員，一時無法抽調

（二）多數果園內栽有小春，該項作物在成熟收穫前不便中耕

（三）大春整田在即，人力畜力均難兼顧，農民為現實利益計，決不願延誤大春而施行果園中耕

（四）甜橙果實蛆為害係幼蟲時期，俗謂「蛆柑」，如農人對果實蛆之生活史以有充分明瞭，即焉，先如無充分教育及宣傳之準備，農民直覺任何蛆害不易消滅，蛆蛹之聯帶關係因而不易接受春耕

80

之方法

查中國甜橙果實蠅（Tetradacus citri Chen）之生活史（詳見附件一）為

六月至八月中旬雌蠅以針狀之產卵管刺破甜橙果皮而產卵於果

實之內，十餘日後卵即孵化，

九月至十月幼虫於果內長成，即所謂蛆柑，受害果實早熟，受害果

面呈橙紅色

十月後受害果實落地，幼虫即入土為蛹過冬

次年六月此蛹羽化而成虫

截除果實蠅之方法在原則上切斷其生活史中任何一环，如捕蠅、減蛆、殺

蛹等均能致之，但若求減少或消滅其為害，除生活史中各期外應兼除

华西实验区甜橙果实蝇防治队工作报告（一九四九年七月至九月） 9-1-184（110）

外其任何一種[illegible]

之努力始克得竟全功因此組織果農介紹和生方法并樹立全區之

防治制度為此項工作起始之基本要務。本隊現在工作之設計與措施

即係按照此項任務逐一展開者依地中海[illegible]

Greece, Palestine, & S. Afr[illegible]等地需時二十五年始完全撲滅甜橙

果實蠅之經驗則此項工作今後仍須艱鉅之努力也。

二、工作籌備：自本年四月中旬起始與歐世璜博士不斷交換意見

并參多方指示深感此項工作實有於今年着做中開始之必要其

原因：

(一)今年嘉陵江流域之甜橙為小年(即產量較少之年份)若于小年

81

產量為大半之半估計今年實施防治所需人力物力僅及明年之半可收事半功倍之效。

（二）江津地方領袖屢次要求華西實驗區在江津舉辦衛建工作平教會未在該區展開工作之前，若先能針對多數農民之切膚痛苦予以解除則今後平教工作之展開當卜順利。

（三）蛆柑嚴重區域果農已有開始伐樹改種旱作之趨勢此風一開欲求復興綦河之甜橙事業則非四十年以上之時間不可為保存國家之資源為保存有關民族健康之川中特產，為五千餘農户之生活計，治蟲工作實屬刻不容緩者。

六月中旬經平教會瞿代理事長菊農及本區孫主任則讓夫

詳細研究決定根據一[illegible]暑期如左辦法：

(一)以教育方法介紹果實蠅有關之智識及防治技術配合民治力量組織果農勸導農民防治工作、

(二)徵求與此項事業有關之机關團體参加工作

(三)發動鄉建學院同學参加暑期工作由本區抽調少數輔導員率領下鄉。

當即由農業組分三方面進行

(一)函商有關機關徵求参加工作計有四川省農業改進所江津園藝示範改良場中國農民銀行江津園藝推廣示範場江津縣政府及鄉村建設學院除省園場因限人力不克参與外餘均参加

82

二、派農業組同志十一人分赴江津甜橙產區各鄉，向地方領袖及農家傳達工作意旨，並徵求地方人士之意見，歷經十餘日之洽商，所獲結果如下：

1、縣參議會表示此項工作為數十萬果農切膚之事，甚願竭誠協助。

2、各鄉保長農民皆均痛感受害之實況，使本隊對此項問題有進一步之認識，對今後工作實施上，補益良多。

3、地方上社團組織如「農會」、「甜橙合作社」、「甜橙生產改進會」等，以及區鄉當地之合作社，均表示熱烈歡迎，並願本隊於若干區域中，多用政治力量協助推行，是有建議，頗為良善

嚴重威脅之本區果蠅防治工作

亦有若干果農對本隊工作希望情切而又憂心重重者

該懷疑者有下列各點：

(1) 以往亦曾有政府機關前來試行防治工作，不但未能奏效且有損民之舉，此次是否仍如前轍，果農顧慮抗疑。

(2) 對本隊之來歷不清，是否政府將行抽稅抑另有其他企圖，果農內心存有恐惧。

前到各鄉時，當時予以解析外，本隊並有以合作社工作表現求其解釋。

(三) 徵求前進大院同學由各方合辦主任負責介紹分組本隊工作。

华西实验区甜橙果实蝇防治队工作报告（一九四九年七月至九月） 9-1-184（115）

83

三、訓練：七月一日起假鄉建學院開始訓練工作人員，參加受訓者計一百四十八人，訓練目的在使參加工作人員(一)瞭解防治工作意義，(二)從事實地工作應有之準備，(三)防治柑蛆之應用技術，(四)甜橙有關之資料等。關於訓練班由華西實驗區暨農業組主持，聘請講師及講題如下：

講師姓名	簡歷	講題	時數
晏院長陽初　已制卡		訓話	二小時
瞿代幹事長菊農　已制卡	中華平民教育促進會代理幹事長	訓話	一小時
孫主任康成　已制卡	平教會華西實驗區主任	訓話	三小時
霍代院長六丁	鄉建學院代理院長	訓話	二小時

华西实验区甜橙果实蝇防治队工作报告（一九四九年七月至九月）　9-1-184（116）

已制卡	姚水澄	鄉建院[illegible]	[illegible]	[illegible]
已制卡	白季眉	鄉建院[illegible]主任	為[illegible]	四小時
已制卡	徐國祭	鄉建院鄉村教育系主任	生產教育	二小時
已制卡	公翰王	華西實驗區衛生組組長	鄉村旅行衛生	二小時
已制卡	李燠章	華西實驗區農業組組長	八、甜橙果實蝇防治[illegible]；三、四川之甜橙[illegible]；六、果實蝇防治工作概論[illegible]；六、二 [illegible]	二、四、二、三、三小時
已制卡	黃[illegible]	鄉建學院農學系教授	八、[illegible]；六、二 天牛[illegible]	四、二、三小時
已制卡	吳乾綱	中國農民銀行[illegible]推廣示範場場長	[illegible]甜橙[illegible]	六、一、二小時
已制卡	王[illegible]	華西實驗區已二區主任	鄉村工作經驗	三小時
已制卡	黃[illegible]	華西實驗所技正	甜橙栽培[illegible]	三小時

华西实验区甜橙果实蝇防治队工作报告（一九四九年七月至九月） 9-1-184（117）

84

[illegible]	譚明初	[illegible]原[illegible]不欲[illegible]果	三小時
[illegible]	鍾[illegible]模	華西實驗區[illegible]	調查方法 三小時
[illegible]	李良庭	華西實驗區[illegible]業務與[illegible] 綦江流域之果樹概況	三小時

關於本隊之組織暨隊員工作概略請詳閱附件三、四。

四、工作進度：

根據前述果實蠅之生活史及其可能之防治方法，配合現有之人力及時間所定之工作進度表則如次：（詳見附件五）

（一）認識地方環境與拜訪地方領袖

（二）調查果園位置

以上總於到達工作地點後至八月十五日完成之

（三）劃分工作下場

（四）工作宣義人甜橙果實蠅防治方法之宣傳

（五）組織農民

（六）選定示範果園

（七）果園調查

以上各項限九月底前完成之

（八）採摘受害果實并處理消滅之

本隊自七月十三日訓練完成後 十六日全体工作人員自歐陽鎮政府

轉赴工作地點經巴江幹縣城時會同地方紳士人縣參議員鄉農

代表等先前熱歡迎在互相交換意見中縣參議會提供下

85

外之協助（事實）

（一）各鄉參議員願協同本隊下鄉以便工作協助工作

（二）若干鄉長、鄉務人員願私人負責該鄉工作人員之入食宿費（一本隊自己有全權收費，不應由私人感激下撥之經費補助）

（三）參議員以為減口以本縣政府暫借地方保甲人員運用政治力量作工作較利進行（縣府表示極贊成）

（四）本隊限於現有人力，僅能分配於十六個鄉鎮，其未能包括於範圍內之各鄉代表堅決要求派隊負責工作，本隊以經費困難，有負眾民熱望，深表歉疚，是以照原定之工作地區，不得不重新調配，以盡可能之努力。

（五）地方人士全體希望華西實驗區在該縣境內早日展開本

工作

合參議會及領袖等與本隊之熱望及誠懇之協助，予本隊隊員以

極大之鼓勵及沉重之責任感，因而參照地方意見及工作上之需要重

新改定之工作區域如下（參看附圖（一））

第一區隊　第一分隊　順江

第二分隊　仁沱

第三分隊　真武

第四分隊　青泊

第五分隊　西灘

86

第二區隊 第六分隊 [illegible]（[illegible]）
第七分隊 [illegible]興
第八分隊 [illegible]
第九分隊 [illegible]
第三區隊 第十分隊 [illegible]
第十一分隊 廣興（兼輔導[illegible]干[illegible]）
第十二分隊 杜市
第十三分隊 五福
第四區隊 第十四分隊 先峰
第十五分隊 [illegible]

五、工作進行概况：按照上述工作進度，至九月三十日止，[illegible]

工作均已如期完成。

㈠本隊[illegible]設於[illegible]十[illegible]鎮[illegible]

廟宇之中，並即隨時拜訪地方領袖、社[illegible]農會[illegible]，闡明工作意

義，一般反應至為良好，願意協力進行。[illegible]三月[illegible]

[illegible]本隊工作區域之環境[illegible]概述如下：

人、本隊工作[illegible]十六[illegible]鎮，位於[illegible]

[illegible]一五[illegible]，全[illegible]

及[illegible]點[illegible]

华西实验区甜橙果实蝇防治队工作报告（一九四九年七月至九月） 9-1-184（123）

87

種植風氣尚不發達。

二、本工作區之東部山崗較大，而土層瘠薄，沿河兩岸之西部一帶則土層稍厚，而風化細砂土壤，保水力好，一般農作物以水稻、甘蔗、高粱、玉米等為主，全年作物以小麥、胡豆、油菜為多，但經濟之經濟作物漸而在沙州一帶廣植於坡地之甜橙亦日益增加，頗便益也，故為一理想之甜橙推廣區域。

三、本區之果園大小及甜橙株數差異頗大，以園戶數而言則五十株以下者佔多數，以株數而言，大農戶所有者較多，惟較小園戶為高，故由戶數防治工作之推進亦以大戶為先。

（參閱附件六）

甜橙果實蠅之危害情形，各縣府有不[illegible]

部最顯，東部次之，西北部較輕，但一般只[illegible]本隊工作以來

歡迎，蓋一般農家多少栽種有甜橙樹三一株，能育十株

如善於培養，即可供子女一人之教育費用，可見此項甜橙

之生產影響於農村經濟文化之鉅，實至顯著

六、過去農民生計乏人注意，今忽有本隊前來工作，頗在行

政力量，協助果農除害增產，或喜或惧，要屬驚奇

七、當地有力人士交問，不免以爲煩雜，有時衝突頗爲，從此不相

合作，此予本隊工作不少困難，能否得地人分賞，又必須事

事取得各方協接，集施其中，使進工作業，尚爲苦心

华西实验区甜橙果实蝇防治队工作报告（一九四九年七月至九月） 9-1-184（125）

88

7、由於以上所述各鄉鎮民衆[illegible]
果農大而集中，為主產所[illegible]
地方派系能團結合作之鄉鎮，則反應[illegible]
而散戶因主係帘，蠅害尚不顯著，[illegible]
冷淡，派系傾軋劇烈之區，則反應[illegible]
因主遠在新市，果園收益不屬[illegible]
而增加工作之艱鉅，故合隊工作方式亦[illegible]差異[illegible]

（二）各分隊於初步聯絡工作完成後即[illegible]
晚歸於所屬果農爬山越嶺逐一訪問，並依[illegible]
果園位置甜橙株數，蠅害程度繪成地圖[illegible]

[illegible]附表二）

（三）根據上述調查資料，分為感染中心地界與[illegible]之
與隊員人數及能力，劃分全鄉為若干地區，以便分別管理[illegible]

鄉區工作

（四）於訪問調查時即與各界人士闡明工作之目的與計劃，並
驟，更着重於疑難之解釋，如防治技術問題（如藥品、工具等
款），鄉人認為此時雖秋毫無犯，將來不免[illegible]）
並又利用鄉間趕場時期與各種集會之機會，進行各種宣傳
教育，如散發標語、壁報、漫畫、連環圖畫（附件八）以及精
緻茶社等方式，隨時進行，頗收效果。八月十五日以來更組織

89

及保聯合宣傳隊之地方會議以防治工作編成歌曲、[illegible]、宣

以及害蟲標本圖畫進行宣傳教育，甚受民眾歡迎。

（五）在上述各項工作進行中，又根據聯絡地方領袖及專門人士、熱

心果農，發動并促全其原有之廣柑生產合作社、同業公會、促進會、

水果業同業公會、太陽會等果農組織，並或發起新組織

之建立，訂立防治公約（附件九）以示合作，結果現本區轄內之果

農防治組織（附件十）均已成立，開始工作，在各項實施方面由於環境

之特殊，合作之防治組織在組織名稱、工作方式上均各有其不

同，但業於實際需要集會協防治組織之建立，實檢查[illegible]

度之推行。

（六）除以上各組[illegible]外，並發動[illegible]合力防治外，本隊更於各[illegible]
是園主熱心果園清潔者，即請表彰，以示鼓勵，並在其果園[illegible]立合
約（附件十一）俾作工作之表証與推廣。

（七）為明瞭本區農業概況與果園實際情況，以便利工作進行與避
西區實驗區在江津計劃一區之準備，本隊曾編製果園概況及園户
農業概況之調查表（附件十二）由合作社隊員、協會人員調查，農民
之對調查工作頗致疑慮，發生種種謠言，經隊員多方解釋，並
由本隊隊員工作耐苦服務熱忱之感化，誤會已消，現根據果
園大小作比例抽樣調查，每鄉以二〇〇份為最低標準，現已完
成正校查整理中。

90

（八）捕果蝇工作即将开始，本队拟用之方法如下：

1. 各队择定当地果园设诱蝇站10——50个，其中十个可用D.D.T.石油溶液诱杀，其他则用改良土法。

2. 本队无法供给D.D.T.石油溶液，每队十个，如超过此数，则由园主自备石油，本队仅给D.D.T.粉以供应用。

3. 有蛆果实采用土法改良土法，如窖藏发酵法、水淹石灰法、糖油诱蝇法，零数小果园可用水煮法、焚烧法以杀灭之（附件十三）。

4. 为进行此项工作，各分队现已进行筹备，如是诱虫站地点与选树标，并工作，并根据具体情况介绍各园户择定上述防治方法进行准备。

（九）本區天牛為害柑桔非常嚴重猖獗，本隊曾由中農所獲得某種
昔六十磅，由隊員代果農作殺蟲示範，成績頗佳，果農十分感激，
以其具有速效性，故便於推廣，農民要求備價購用，本隊今後
應設法代為解决供應問題。

（十）本隊工作區域外之鄰近鄉鎮聞悉各鄉之工作後，曾要求本隊擴
大範圍，江津縣政府曾代表該縣油溪、李市、龍山、黄泥、金紫、沙埂、
雙溪等鄉鎮要求派員展開防治工作，本隊以油溪李市距離區
本隊工作地點太遠，無法兼顧，僅能介紹本隊應用之防治方法
由縣府辦理，又巴縣馬鬃與綦江縣之[illegible]平、永興、北渡、蒿興
四鄉組告亦感，已派專人前往會同各該地華西實驗輔導人

91

实蝇防治一项，固然是此会之柑橘产区，亦已由辅导人员参
动果农进行摘果
（六）以上工作每日於烈日之下跋涉奔走，任劳任怨，实为难能，此种
使农民为之精神所感动，而以同情与援助，且为医疾病
流行，本队排除万难，即以大批药品普施农民，恩泽太
平施予，于是本队与地方人士合作更为亲切，对本队同仁与
此次人士均能满意，共同合作进行，对新栋江津一带农民之艰苦
实情状亦差足补偿矣。
（三）本队工作之真正意义系在积极方面，实与锻炼教育上，如
能将科学知识灌输于人民，打破农民靠天吃饭之宿命观念

組織工作以使加速消滅本害[illegible]

出制度，再配合華西實驗區而設輔導區從事復建工作則今後工作可望有成。

茲以本年天旱果樹生長欠壯，本隊工作不得不延至十月中旬以求有系統的告一段落，隊員撤離前，另由本區輔導區接續擔負以求推進本隊工作之未竟成效，而為今後進一步工作計劃之張本，其次以九月中旬至十月中旬之工作有二：

1. 各隊督促民眾採摘受害果實並消滅之。

2. 協助本區成立防疫區準備事宜，以使配合本隊工作之廣

續。

92

六、今後之問題及應有之措施

防治工作絕非一年可收全功，本隊今年度之工作已有良好開始，然如何繼續，應根據本年之資料及經驗，擬訂進一步之防治計劃。除本隊工作人員今年實地經驗擬訂計劃外，深盼後會同請區內外專家共同指導，以求集思廣益之效。

（二）華西實驗區即指在江津設立輔導區，今後十六鄉果農可望基層組織力量組織，本年度本隊未克工作，此外，應繳，而本隊之一作未能顧及之各鄉，如龍山、黃坭、金紫、清平、太平、紫雲、三合、蔡家、太和、龍岭、沙硬、李市、吳灘、麻柳等，無論受害輕重，均應予以相同之教育，俾受害重者，知所防治；輕者或尚未受害者

知所預防，以求此告普遍於村…，因此今後工作…人力

物力均須倍加

（三）本隊本年度工作經費承農復會允許補助美金伍千元，折合銀元

貳仟元，而月餘以來，因受物價波動，銀元幣值常感不敷，而工作業已

開展之後，原定進度又難以更改，且事實上之需要亦難減

縮，而先此影響計畫之推行，茲將支出概況編列表報（附件十四），不足之數

目擬請農復會賜予審核，惠予增撥，以竟全功。

93

附件一

四川江津县甜橙实蝇（蛆柑）防治实施计划

一、四川甜橙产区概况：江津、金堂、南充、合川、[illegible]等县为产区，

[illegible]江津县[illegible]平均每年产量一五〇

[illegible]以南岸栽培最集中，广域果实品质亦最佳。

二、果实蝇之为害情形：被害最为[illegible]

[illegible]

[illegible]

百分之[illegible]

[illegible]

[illegible]
地中海之果實蠅[illegible]（中國
甜橙果實蠅）每年六月至八月中旬雌蟲以輸卵管刺穿果皮注產
卵於果肉經十數日後即孵化成為幼蟲蛀食果肉致果實生長
早熟被蛆蟲所食之一面先著橙紅色約在九月或十月其他不受害之
果實尚未著色之際易識別十月以後被害之甜橙即開始落地果內蛆
之蛆即鑽出果實鑽入土內成蛹越冬翌年六月開始羽化成為成蟲
雌雄交尾後於果上選適當處雌蟲將產卵管刺入小廣柑產卵為害
新孵化之幼蟲（蛆）不適於生存時期若露于空氣中極易死亡入土亦不能
成蛹

94

成虫上数天之不久即成蛹越冬。

成虫（蝇）自羽化时起可生活至八月底，约有三个月之寿命，除性交产

卵之时期内，除活动外，每天十时至五时须至园内寻找成虫之所以食

露水为生。

四、果实蝇防治方法：根据其生活史及习性，其防治方法可分为：

（一）蛆期防治法：当卵孵化成幼虫（蛆）之后，直接钻入果实内蛀食

内瓤而害，故患果每易被其早着黄色，且易离树，若于该果果

实未落地前先将患果着色果实摘下，集中毁灭，即可减少

成虫（蝇）之增加，本计划之初步防治，亦即采用此法。

（二）蛹期防治法：成熟之蛆于九月底开始钻出果实，落入土中

能二三[illegible]

食可消滅一部．

(三) 成虫(蠅)期防治方法：因成虫習性不活動可用

1、誘捕． 2、毒餌 3、天敵 等法除除

以上各種防治方法均可採用但僅以一種方法恐尚不易徹底消滅

蠅利為甚惟地中海甜橙產區之數告該區之果實、果林用[illegible]、

[illegible] 檢驗林的制度致減為害亦為吾國可

借鏡之處．

五、初步防治計劃．

(一)目的：

95

1.以教育及示範方式介紹科學方法防治病虫為害

2.發動各方減少七、八、九、十四個月之蟲害，以減少下年之產量損失為原則

(二)防治方法：

1.以北碚江河兩城區在城周以內為重點，如北渡、和平、真武、長嶺、馬鞍山等

集果請領全部齊一劃分散小組、每隊分十六組分配工作

隊員採摘被害果實用石灰水煮殺死幼蟲

2.以果民組合為單位，圍蔡家示範場、當地所在地之真武場為中心，

東至歇馬場，西至澄江鎮，南至真武，北至仁里，以上各區為小區域內之

合作社用以防治方法以求利於推銷果品，而不甘普遍推廣

(三)實施防治計劃已于本月會集西山實驗區與中國農民銀行江津

华西实验区甜橙果实蝇防治队工作报告（一九四九年七月至九月）　9-1-184（140）

問題推廣方案……

（四）工作人員：

人員動員之工作人員擬利用私立相輝學院同學於暑期中

組織防蟲隊一隊，時間自七月中旬起至八月中旬止共計三個月

二、防蟲方法之研究試驗由果樹治蟲園藝專家[illegible]先生

主持並由華西實驗區聘大學畢業之徐昆岳及同學畢業者合

作協助之。

六、工作效果：

（一）以農民售柑收入統計平均為百分之四十如以減少損失一半計本年

該隊合作果園可以增產甜橙百分之二十共約二[illegible]枝折合

华西实验区甜橙果实蝇防治队工作报告（一九四九年七月至九月） 9-1-184（141）

96

本隊四、五○○市石

(二) 華西實驗區工作尚大,[illegible]年度開始試驗地方[illegible]此次

認本工作為要求限期舉辦建工作如能先以實驗工作開始來推

廣之稱,則今後定將對本工作建設,[illegible]人所樂於接受

(三) 縣建設工作生有實地去入農村工作之,[illegible]成會

97

附件二

江津縣甜橙園户户數表

鄉名	户數
龍江	[illegible]
仁沱	44
真武	144
育鸿	421
西湖	144
高[illegible]	[illegible]
[illegible]興	504
和平	431
馬宗	[illegible]
賈嗣	371
廣興	4
江[illegible]	2
五[illegible]	365
先鋒	201
永興	190
[illegible]	[illegible]
總計	[illegible]

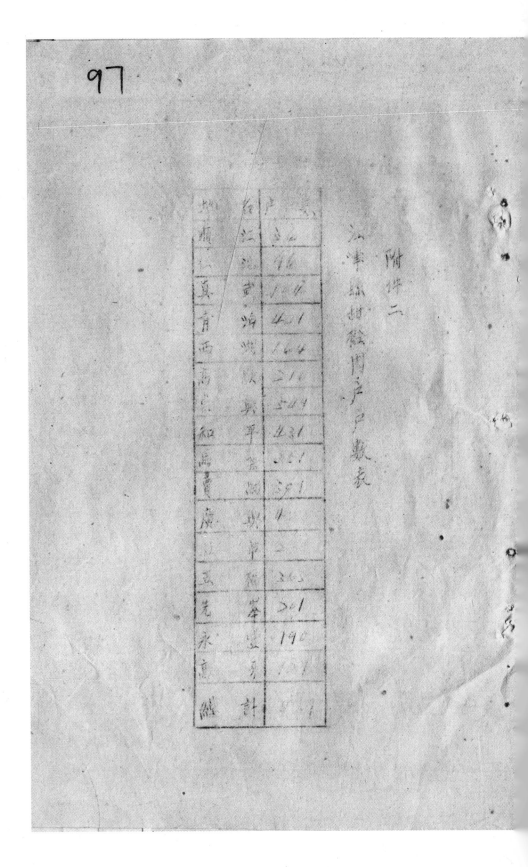

98

附件三

中華平民教育促進會華西實驗區甜橙果實蝇防治隊編隊須知

一、本隊組織：

本隊組織如附圖，總隊長由本區實驗主任[illegible]兼任，副總隊長由本[illegible]技術專家任，總隊附由江津縣長分別函請及本區[illegible]兼任。[illegible]範場場長兼副總隊長，區隊長由本區[illegible]，又每分區隊設聯絡員一人，負責該區隊之聯絡及採集[illegible]事項，再由每分隊設領隊一人，由本區指派。

二、編隊須知

一、分隊人數：七至八人

（二）編隊原則：

1. 每分隊有農學系二、三年級同學及一、二年級同學合[illegible]人
2. 如有女同學參加，每隊至少應有二人以上
3. 其他各系同學自由組合

（三）分隊以下職務之分配

1. 分隊長一人
2. 保管[illegible]一人——最好由女同學担任
3. 採集標本二人——最好由農學系同學担任
4. 伙食住宿二人——負責每分隊之住宿伙食等事
5. 記者一人——負責工作日記、新聞[illegible]聯絡工作

99

（三）每分隊如有八人以上增設联絡一人並負責全隊事務與記帳工作分開

以上職務由同學自行分配並以名單一份交總隊存查

（四）參加某分隊之後非經正式退出

（五）每分隊自行定名報總隊登記、

（六）每分隊之工作地點由總隊派定不得自由抉擇

（七）每分隊自定工作規約一種經通過及核准後公佈施行公約之擬定由分隊長徵求各隊員意見擬定之並於出發前辦理完竣交各區隊長存查

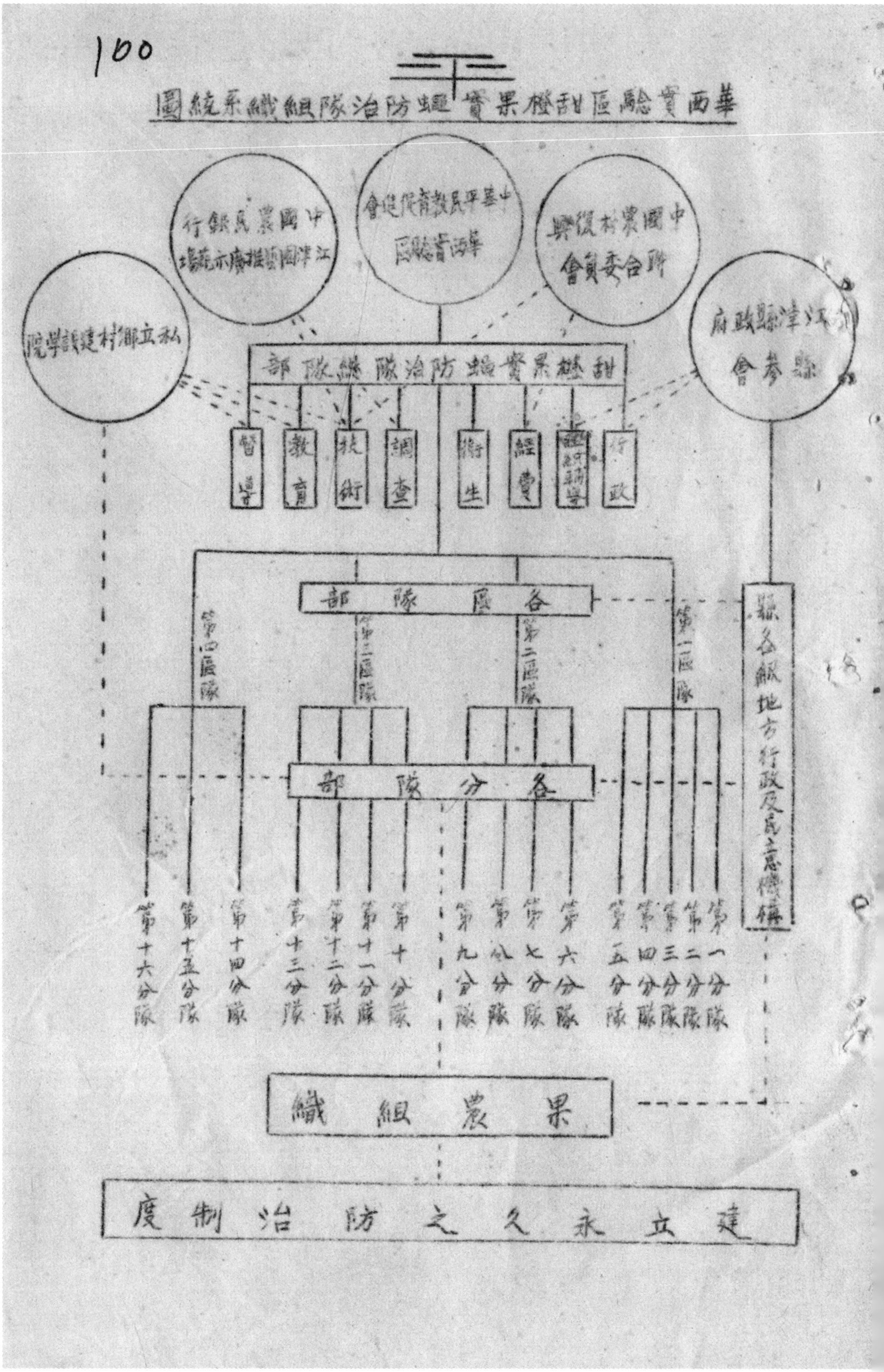
100
華西實驗區甜橙果實蠅防治隊組織系統圖
私立鄉村建設學院
中國農民銀行
江津國營推廣示範場
中華平民教育促進會
華西實驗區
中國農村復興
聯合委員會
江津縣政府
縣參會
甜橙果實蠅防治隊總隊部
督導
教育
技術
調查
衛生
經費
行政
各區隊部
第一區隊
第二區隊
第三區隊
第四區隊
各分隊部
第一分隊
第二分隊
第三分隊
第四分隊
第五分隊
第六分隊
第七分隊
第八分隊
第九分隊
第十分隊
第十一分隊
第十二分隊
第十三分隊
第十四分隊
第十五分隊
第十六分隊
各縣地方行政及民意機構
果農組織
建立永久之防治制度

101

附件四

中華平民教育促進會華西實驗區甜橙果實蠅防治隊工作規約

一、所有各項工作務須隊員親自動手，不得袖手旁觀，分隊長尤應以身作則。

二、既經分配之職務，應各盡職責，不得任意推諉或懈怠職守。

三、為工作之便利計，必要時得由領隊派隊員担任某項工作，各隊員不得藉故推諉。

四、各隊員應完全接受領隊之指導，如有意見應以建議方式用書面提出。

五、領隊不在時，其職務由分隊長代理之。

六、在果期中，無論果實可食與否，絕對不能擅採一枚，此不僅關係全隊在職無有礙他人私德，須合作負責互相勉勵以表本隊工作精神。

七、工作期中不准有酗酒及賭博性之行為以及類似之出軌。

八、農民找出問題如不能回答，應據白告知另請本隊領隊答復或另行設法解答，决不敷衍。

九、工作期中除直系親屬之喪事及本人疾病得由醫生證明並經批准後始得請假。

十、工作期中滿期三月請假一週以上者按請假日數扣薪。

十一、無故中途退出或工作不力違反規約而受除名處分者，得由本隊依照介紹人負責追回旅費及已領之薪津。

十二、本規約如有未盡事宜，得隨時修正之。

102

附件五

中華平民教育促進會華西實驗區甜橙果實蠅防治隊工作進行須知

一、認識地方環境與聯絡地方領袖

此項工作需要發動果農，而農村社會中份子複雜，如處理不當，常致引起不必要之糾紛。工作人員新到一地，應與鄉間係分別拜訪地方領袖，以資聯絡，而感情融洽，俾工作順利進行。至於農村社會中常見之領袖人物，列舉於下：

（一）鄉鎮保甲長、議員、鄉民代表

（二）中心校、保校校長及教員

（三）社會賢達領袖（如某大爺、某五哥等）

华西实验区甜橙果实蝇防治队工作报告（一九四九年七月至九月） 9-1-184（149）

（四）[illegible]至於此方當有[illegible]

（五）對此項工作特別熱心人士

作聯絡工作時少批評少吹牛多聽對方的意見不拒絕亦不濫[illegible]不

俾在任何必要時能充份及區域防治時局或應變等談話

二、果園位置之調查：

與地方領袖認識後對該鄉果園情形已有初步之瞭解，繼而會

同果農及有關人士親赴果園實地探察其位置、地形等並須記

錄以下數點：

—

（一）所係田小地名

（二）園主姓名成果株數以及態度——熱心、平淡、無心、反對或其他

103

(三)距離鄉鎮之里程

(四)交通工具（船、公路、大路、鐵路）作成一覽表附後

(五)根據調查資料繪製各個果園分佈圖，圖內須註明里程方向等

此項各區域表以示各人手執一份並另以一張彙繪於本處總圖後

三、工作區域之劃分

於八月十五日以前完成之

縮問果區大都甚散，為使工作便利起見，應按果區地勢劃定[illegible]以區劃

分每一區每區距離大約十公里，以當日工作能往返為原則，[illegible]

按劃定區域[illegible]工作成績，每分區域不可超過五區為[illegible]

四、宣傳工作：

政令推行之難[illegible]

工作之真諦，以前仍未免視為虛有其文，應付了之，而將來推行順利計，必須多加宣導，使農民充分瞭解，自願除虫，方為有效，今後工作之成敗，亦視宣傳工作之好壞而權衡，至宣傳方式，當依全使農民明瞭之後，一切出於自動自發，由而樹立命徵之永遠除虫制度，決不能以強迫手段行之，至宣傳內容至少應包括以下數項：

（一）平教會鄉建工作概況

（二）四川甜橙之特點及其經濟價值

（三）蛆柑之嚴重情形

（四）果實蠅之生活史

104

(三)展覽[illegible]（[illegible]）

[illegible]用[illegible]行談話

(一)[illegible]會

四、宣[illegible]組織

(一)街頭宣傳[illegible]在街頭集會[illegible]以文字或口頭宣傳（包括

[illegible]農民及商[illegible]標本（展覽）

(二)[illegible]地方領袖[illegible]注意社區領袖以及[illegible]

(三)[illegible]之聯絡

(四)[illegible]共同參加工作

五、[illegible]

直接自動自發的來參加防治工作並應通過組織而完成普遍之

除出征外互相協作不能有一致的外組織方式分以下數種：

(一)利用原有廣柑生產合作社

(二)利用原有之水果同業公會

(三)組合熱心之果農號召全體果農組織廣柑生產促進會

(四)發動全鄉自訂公約由本隊協助執行

(五)利用保甲組織將果農所有果樹數登記[illegible]人三[illegible]組[illegible]

六 應注意以下數點：

1. 中下級[illegible]不甚[illegible]執行[illegible]最好用教育方式[illegible]之組[illegible]

华西实验区甜橙果实蝇防治队工作报告（一九四九年七月至九月） 9-1-184（155）

105

全鄉有願强迫執行則可根据全體果农意見分別執行之

二、全體工作人員應親自動手施行除虫工作以熱心服務之精神感召使农民不得不自動來作。

三、女隊員應特別注意婦女之联絡

四、在农民中物色領袖人物起來領導組織並予以離開本育所使本隊離開之後其組織不致分散、其工作亦不致停止。

五、此項工作之執行如需要縣府或專署政令協助而有效者各隊員可盡量要求總隊將此項政令由總隊部負責接洽

六、選定示範果園

（一）[illegible]

（二）示範果園應具備之條件

1. 園主須確實了解此項工作之意義並十分熱忱者

2. 村內位置在交通方便之處

3. 果園面積在該區內應用由數以上（不小于十大方）

4. 與柑橘苗蟲工作[illegible]

（三）與果農訂立合約，其內容如下：

1. 園主完全接受本隊技術上之指導

2. 關於治虫所需藥劑由本隊供給

3. 關於治虫所需勞力由園主負担

106

[illegible]

华西实验区甜橙果实蝇防治队工作报告（一九四九年七月至九月）　9-1-184（158）

[illegible]

三、調查[illegible]依[illegible]由[illegible]人[illegible]

[illegible]

[illegible]

以上[illegible]十[illegible]日[illegible]

八、摘採[illegible]處置

（一）[illegible]

（二）[illegible]處理

1.每[illegible]十五[illegible]

[illegible]集中

107

（六）诱蝇器之杀虫药液可杀蝇之

（七）食蝇蛆之利用每户养鸡若干只或鸡一群一天园里三天之鸡就

以备消灭虫果之用。

（八）将受害果实以刀割开放入杯内等方式

（九）每次处理数之蛆相应分化时检查以求其化蛹时日一日检查一次

（十）药液杀虫之试验

（十一）每次检视数可将已死亡之幼虫及果实拣出以便完全利用药剂

九、工作记载

（一）每日摘下之虫柑数量应确实记载工作表一式三份每天抄一份寄

区队长转呈总队

[illegible]

华西实验区甜橙果实蝇防治队工作报告（一九四九年七月至九月） 9-1-184（161）

[illegible]果實蠅防治隊

[illegible]表

[illegible]日　　制表人

[illegible]工作反應			果園比[illegible]	交通工具			住宿需時	備註
[illegible]	不[illegible]心	反對	[illegible]果數	小船	小[illegible]	大路		

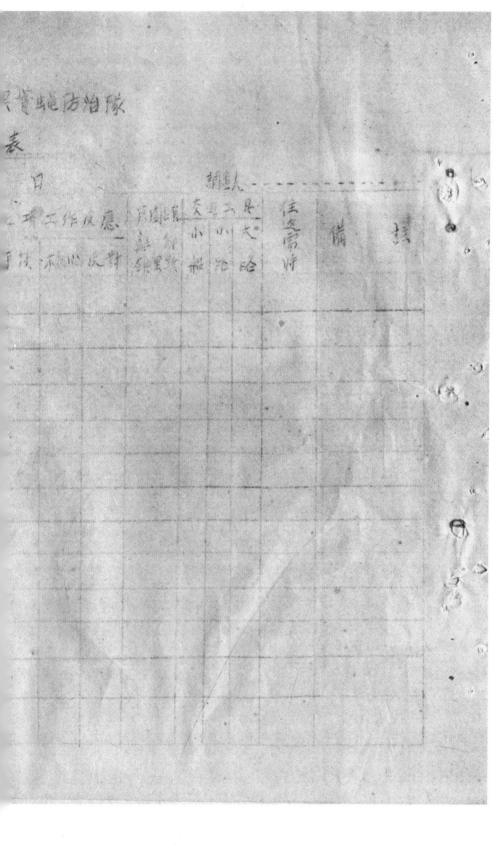

华西实验区甜橙果实蝇防治队工作报告（一九四九年七月至九月） 9-1-184（161）

中華平民教育促進會華西實驗區

果園位置記

(附件三之表一)

民國三十八年

鄉	保	甲	小地名	園主姓名

华西实验区甜橙果实蝇防治队工作报告（一九四九年七月至九月） 9-1-184（162）

甜橙果实蝇防治队[illegible]

表　　　年　　　月　　　日

处理后之情形			备注
全部[illegible]死亡	一部未死	全部未死	

記錄

华西实验区甜橙果实蝇防治队工作报告（一九四九年七月至九月）　9-1-184（162）

（附件五之附表二）　中華平民教育促進會華西實驗

甜橙果實蝇摘

月	日	園主姓名	住址	株果

109

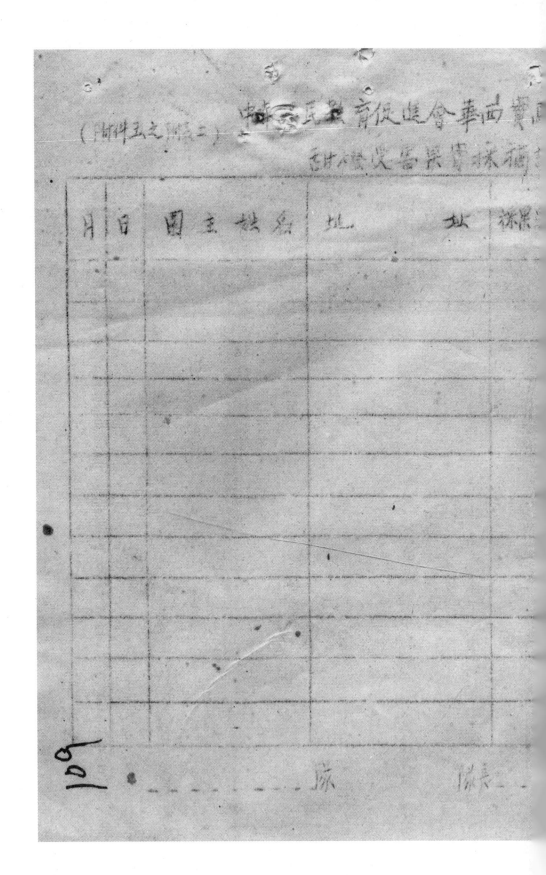

________隊　　隊長________

华西实验区甜橙果实蝇防治队工作报告（一九四九年七月至九月） 9-1-184（163）

110

附件六

[illegible]	[illegible]	[illegible]	[illegible]
[illegible]	[illegible]		3056
[illegible]	[illegible]	[illegible]	10037
[illegible]	[illegible]		8800
[illegible]	[illegible]		41394
西湖	[illegible]		7849
[illegible]	11391		11391
[illegible]	[illegible]		10646
[illegible]	[illegible]		18079
[illegible]	[illegible]	[illegible]	18500
[illegible]	[illegible]		14794
[illegible]	8400		8400
[illegible]	[illegible]		15000
[illegible]	[illegible]		7186
[illegible]	[illegible]	[illegible]	25681
[illegible]	14143		14143
[illegible]	11205	[illegible]	23950
总计			

华西实验区甜橙果实蝇防治队工作报告（一九四九年七月至九月） 9-1-184（164）

111

附件[illegible]

[illegible]甜橙果實蠅防治隊工作[illegible]統計表

地名	[illegible]（%）	備考
璧山	7%	
江北	12%	
巴县	[illegible]%	
青[illegible]	64%	
[illegible]	[illegible]	
[illegible]	25%	
[illegible]	[illegible]%	
[illegible]平	[illegible]%	
[illegible]	[illegible]%	
[illegible]	7%	
廣[illegible]	7%	
杜市		
五[illegible]	[illegible]%	
[illegible]	11%	
永[illegible]	33%	
高[illegible]	[illegible]	
總計		

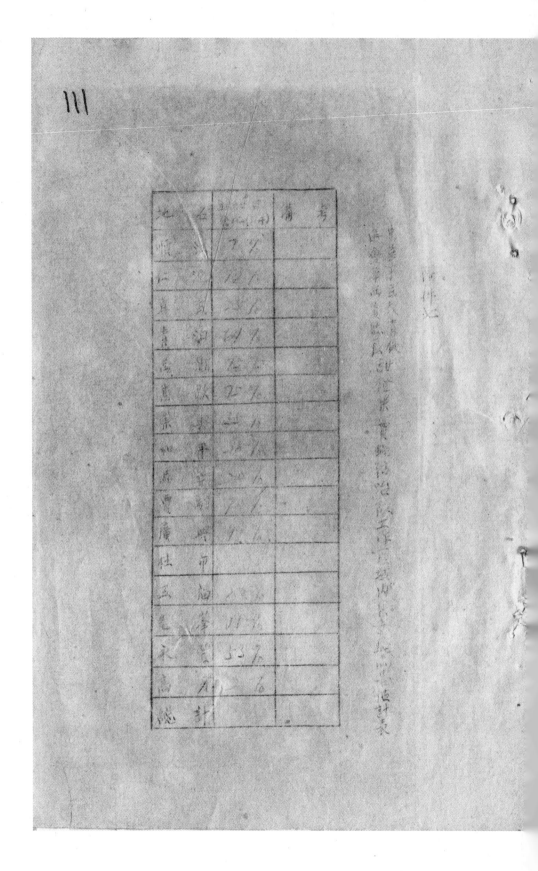

112

平
怎樣防蛆柑
傳習連環畫(農業類)
編者 李良康 李紀生 繪圖 楊華清
中華平民教育促進會華西實驗區編印
一、張家場的柑子林裏，今年落柑遍地，別地的柑子還是青綠綠的，這裏的柑子就先黃了，並且大半是半邊黃，柑子長不大，就有很多從樹上落了下來。
二、張家場有個老叟張老漢，心裏根奇怪，到處仔細察看，原來滿林子都是黃顏色黑花紋的蠅子。他想：這蠅子，莫非是專壞柑子的「廣柑果實蠅」麼？
三、張老漢把果實蠅叮過的柑子，還先黃的摘下來，切開一看，果然柑裏就有果實蠅卵，有的還是卵，有的已經變成蛆了。
四、張老漢看了蛆柑，怒火沖天，一心先把果實蠅捕殺乾淨，就發動全場男女老少一齊動手，一面用網捕，用拍打，一面用鳥膠粘，用毒餌誘殺。

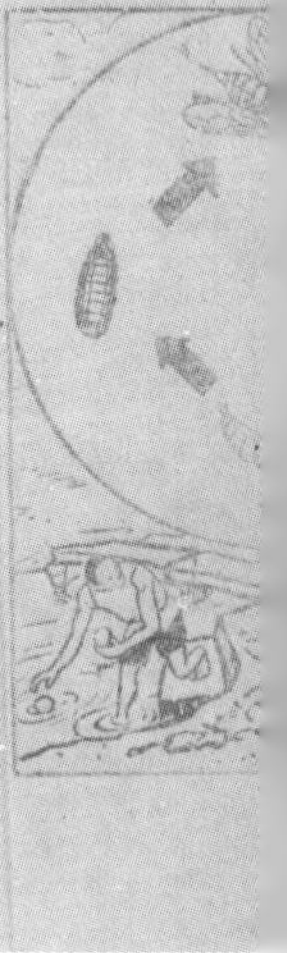

六、冬天把柑子收過後，張老漢又想，那些落柑裏的蛆，如果有的鑽入土裏，明年還會變蠅的，就索性通告全場各户，各自把林裏的土，犁他一遍，好將蛆蛹，翻出叫鳥兒吃掉，以絕虫根。

七、第二年，張家場各家的柑子林裏沒有了果實蠅，當然蛆柑落柑也就少了，滿樹的柑子長得又大又好，張老漢看了，心中十分喜歡。

傳、習、用、活動說明

一、說明圖畫故事

1.導生按着連環畫次序，一幅接一幅地說明內容，最後并把整個故事，重複說一遍。

2.學生再一幅接一幅地看一遍，要真正能明瞭每幅畫所代表的意思。

3.學生看畫時，導生要使學生注意每幅畫面的情景。譬如，畫裏的人物表情對不對？其他各樣東西，畫的好不好？像不像？

二、講解圖旁課文

1.導生先一段一段地唸一遍，看看學生是不是能聽明白。

2.導生把學生所聽不懂的詞字，寫在黑板上講解明白。

3.導生再分段背誦一遍，並把黑板上的生字生詞，復習一遍。

4.用個別輪讀的方法，指定學生朗誦。

三、討論問題

1.「廣柑果實蠅」可論的[illegible]，為什麼就會變成蛆柑？果實蠅怎樣會把蛆卵，產到廣柑裏面？

2.蛆柑亂摘亂丟，有些什麼害處？

3.江津綦江、壽、蛆柑為害的情形怎樣？（根據民國卅七年調查，平均蛆柑佔百分之四十左右，為害的情形，實在可怕！）

四、指導實踐

1.聯合柑戶組織甜橙果實蠅防治隊，實行撲殺。

2.製造撲殺廣柑果實蠅的工具，如撈蠅網，捕蠅拍、[illegible]等。

3.觀察廣柑果實蠅的形狀及其由卵到蛆、到蛹、到蠅的生長變化。

113

傳習連環畫（農業類）

編者：李紀生，李良康　繪者：尚莫宗

中華平民教育促進會華西實驗區編印

中華民國三十八年初版

一、常言道：好種生好苗，好樹結好果。黃仁智的甜橙園滿林甜橙都是好品種，園裏挖有排水的水溝，肥料用的不多也不少，每株相隔兩丈，又整齊又通風。

二、黃仁智對甜橙林很關心，從結果時起每天去看一遍，見到有病的枝葉、果實時，馬上摘下燒毀，免得傳染其他甜橙樹，壞了果子的收成。

三、甜橙熟了，黃仁智領着全家大小來摘果，個個都留着短的柄蒂，裁放時很謹慎，把挑很細心，不要果子碰爛碰傷。

四、甜橙收摘回來，貯藏前要消毒，黃仁智臨時當了消毒教師：方法是用硼砂水（硼砂一份，水十九份）浸泡五分鐘。

五、用消毒藥水洗過的果子，不能去晒，須要慢慢陰乾。黃仁智就把洗過的果子，放到又清潔又光滑的盛果器內，輕輕的放到貯藏庫架上。

印刷

六、黃仁智家裏的甜橙貯藏庫，修得很科學，屋子敞大陰涼，上下通風。放置藏果器的架子，一層一層地真是好看。

七、黃仁智家的甜橙貯藏得好，直到第二年的暑天還有甜橙可賣，在出售時，果箱裝得很講究，並且把每隻果，都用印有「黃家甜橙」的招紙包好，於是「黃家甜橙」就出了名。

傳·習·用·活動說明

一、說明圖畫故事

1.導生按着排列的次序，一幅接一幅地說明內容，最後再把整個故事，重複說一遍。
2.學生再一幅接一幅地看一遍，要真正能明瞭每幅畫所代表的意思。
3.學生看畫時，導生要使學生注意每幅畫面的情景。譬如，畫裏的人物表情對不對？其他各樣東西，畫的好不好？像不像？

二、講誦畫旁課文

1.導生先一段一段地唸一遍，看看學生是不是能聽明白。
2.導生把學生所聽不懂的詞字，或自己認為是生的詞字，寫在黑板上講解明白。
3.導生再分段詳細講一遍，並把黑板上的生字生詞，復習一遍。
4.用個別輪讀的方法，指定學生朗誦。

三、討論問題

1.甜橙樹以施用那些肥料為最合適？
2.樹上的病秋蛆柑，為什麼一定要摘下銷毀？
3.除了用硼砂水洗果消毒外，還有那幾種藥水可以洗果消毒？那些藥水的成分，怎樣調配？
4.洗果後為什麼要陰乾？

四、指導實踐

1.參觀附近的甜橙儲藏庫，比較那座果庫最好。
2.相戶聯合起來建造新式儲藏庫。
3.調查本地那家甜橙品質最好。

华西实验区甜橙果实蝇防治队工作报告（一九四九年七月至九月） 9-1-184（169）

六、貸款修建儲藏庫，新鮮果兒庫裏儲，
四季都有鮮果賣，價錢高來有好處。

七、加工釀造利益高，橘精美酒品質好，
還有果醬和果露，樣樣賺錢都不少。

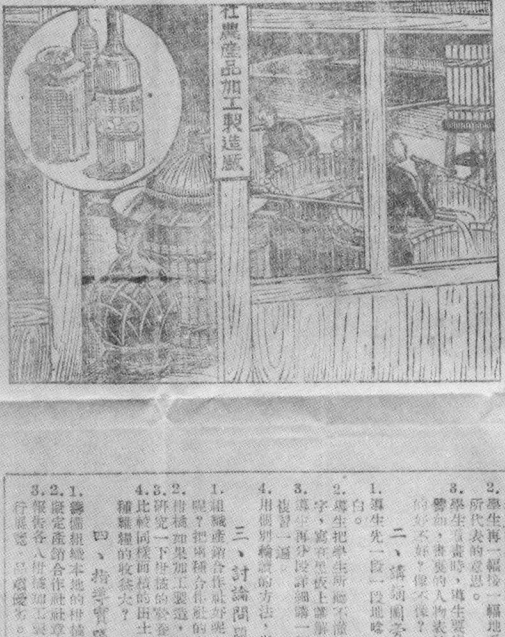

傳·習·用·活動說明

一、說明圖畫故事

1. 導生按着連環畫次序，一幅接一幅地說明內容，最後并把整個故事，重複說一遍。
2. 學生再一幅接一幅地看一遍，要真正能明瞭每幅畫所代表的意思。
3. 學生看畫時，導生要使學生注意每幅畫面的情景。譬如，畫裏的人物表情對不對？其他各樣東西，畫的好不好？像不像？

二、講解圖旁課文

1. 導生先一段一段地唸一遍，看看學生是不是能聽明白。
2. 導生把學生所聽不懂的詞字，或自己認爲是生的詞字，寫在黑板上講解明白。
3. 導生再分段詳細講一遍，並把黑板上的生字生詞，復習一遍。
4. 用個別輪讀的方法，指定學生朗讀。

三、討論問題

1. 組織產銷合作社好呢？還是單純組織運銷合作社好呢？把兩種合作社的利害得失，比較一下。
2. 柑橘如果加工製造，可以製造出多少種類？
3. 研究一下柑橘的營養價值。
4. 比較同樣面積的出土，是栽柑林的收益大呢？還是種雜糧的收益大？

四、指導實踐

1. 籌備組織本地的柑橘產銷合作社。
2. 擬定產銷合作社社章要點。
3. 報告各人柑橘加工製造的經驗，并將製造的成品舉行展覽，品嚐優劣。

华西实验区甜橙果实蝇防治队工作报告（一九四九年七月至九月） 9-1-184（171）

真武鄉園藝生産促進會蛆柑防治公約

一、公約

一、凡本鄉之廣柑園户一律遵守公約.

二、各園户有互相勸告監督之責任.

三、服從蛆柑防治之一切決議.

四、各園户均應接受蛆柑防治隊之一切指導.

五、不得以蛆柑贩賣或贈送他人.

六、不得将蛆柑抛棄河溝、水田地上以免蛆柑蔓延.

华西实验区甜橙果实蝇防治队工作报告（一九四九年七月至九月） 9-1-184（171）

八、本公約由大会決議修改或……訂
九、本公約呈报縣府并交各保甲農會执行
十、防治所用经費由園主或廣柑收益人負担。

（二）處罰

十一、違反本公約者由負責人勸導依約實行
十二、凡經勸導無效者警告一次
十三、如警告不聽則由保甲農会派人代表防治其伙食工資概由該果農負担且酌情科以罰金
十四、对公約處罰不接受者則交本会議處。
十五、園主或廣柑收益人對防治不熱心不付防治經費與佃農時，應由廣柑收益項下扣還因防治而所用之經費
十六、其他未尽事項由委員會酌量處理之。

116

保農公約

一、本公約本互助助人之精神共同約法保護生產、防除災害。

二、人為災害之防除

(一)聯合要求政府給予合法保障

(二)收獲期前嚴禁会友及非会友之採摘行為

(三)以守望相助之道義觀念聯合驅除或拘送一切竊摘行為之人。

三、蛆柑之防治

(一)聯合行政機関及農業法团共同組織檢驗站嚴禁蛆柑之入口及市場販賣行為，違則將其產品全數解送殺蛆站消滅之，并酌情罰款飭令繳付。

(二)鄰家發現蛆柑應即通知勸其採摘，并即告知保農小組執行。

(三)發現蛆柑之農戶如不願採摘害果時，得由本会強迫執行之，如仍不願，得由其鄰戶人家通知保農小組会派人砍去其為害之果樹。

(四)履行華西实驗区一切保護生產之方法並接受其指導

(五)凡本会会友皆須恪遵本約互相勉戒之

华西实验区甜橙果实蝇防治队工作报告（一九四九年七月至九月） 9-1-184（173）

江津縣青泊鄉螟柑防治會章程 民國卅八年九月

第一章 總則

一、名稱：本會定名為「江津青泊鄉螟柑防治會」。

二、宗旨：本會以防治螟柑，驅除虫害，增加生產，造福果農為目的。

三、會員資格：凡本鄉種有廣柑之果農，皆必得為本會之會員。

第二章 組織

四、全体会員大會，為本会最高權力机関，其会議由执行委員会召集之。

五、本会設执行委員会（以下簡称执委会）由每保各选代表一人和本鄉鄉長，暨鄉民代表主席共同組織之。

六、执委会选五人組成常务委員会（以下簡称常委会），五人中以当选票数最多之两人分任正副主任委員，其正副主任委員即兼执委会之正副主任委員，亦即螟柑防治会之正副主席。

七、执委会正副主任委员及常委会委员，每年改选一次，連选得連任之。

第三章 职权

九、执委会春夏两季召集全体会员大会各一次，商讨会务，必要时得召开临时会员大会。

十、执委会负责推行会务，行使会员执行處分，对外代表本会。

十一、常委会负责执委会之一切决议，主委对内综理一切，对外代表本会，并负责召开执委会。主委不在时其职权由副主委代理之，如副主委亦同时不在时由主委指定执委代理之。其他三常委一人负行政及技术之督导，一人负书记事项，掌管内外一切文件，一人负总务事项，管理本会经费所有收支。

十二、各级蛆柑防治分会接受并实行执委会之议决案，且其组织不得与本会之章程相违。

第四章 经费

十三、经费来源：一则採取乐捐方式，由常务委员会筹募之，一则征田四种款補充開支。

第五章 附则

十四、本章程自通过后即有效，并可得由大会提议通过修改之。

十五、本章程通过后即呈报县政府備案。

十六、本会另订有蛆柑防治公約及處罰條例，凡全鄉會員果农必須普遍遵守之。

华西实验区甜橙果实蝇防治队工作报告（一九四九年七月至九月） 9-1-184（174）

128

真武乡园艺生产促进会组织章程

第一章 总则

一、名称：本会定名为“江津真武乡园艺生产促进会”

二、会址：设真武乡乡公所

三、会员：凡本乡所属柑园园户及热心本会事务者均得为本会会员。

第二章 业务

四、鼓励生产

五、防除病虫害

六、选用优良品种改良生产技术

七、发展运销事业

行其職務

九、委員會之委員由全體會員大會選舉產生充任果農會之負責人為委員會當然委員

十、委員會中推出主任委員及副主任委員各一人負責行政及技術之督導、

十一、會內設總務一人管理經費收支及業務、設文書一人負責有關之一書事宜、

十二、全體會員大會在每年秋末召開一次、委員會由主任委員每季召開必要時得召開臨時會議

第四章 經費

十三、經費來源為會員繳會費一角另採樂捐方式由委員會籌募之、

第五章 附則

十四、本章程經大會通過後有效并可由大會修改之

十五、本會章程通過後即呈報縣府備案

十六、本會另定有柑橘防疫公約及處罰條例一份、全体會員必得遵守之、

129

中華平民教育促進會華西實驗區 甜橙果實蝇防治總隊示範果園合約

中華平民教育促進會華西實驗區甜橙果實蝇防治總隊（以下簡稱甲方）為推進果實蝇及天牛之防治工作願與果農　　（以下簡稱乙方）合作以乙方所經營坐落　　鄉　　保之果園為示範果園茲經雙方協議訂立合約如左：

一、乙方必須完全接受甲方技術上之一切指導

二、關于本年度防治果實蝇及天牛所需之藥劑由甲方供應

三、關于防治果實蝇及天牛所需之勞力（如採摘處理埋柑等）完全由乙方負担

四、甲方為研究起見如需採取果樹材料或特別處理致使乙方果樹遭受損失時甲方得商同乙方給予公平之代價

五、除蟲後果園所獲利益完全歸於乙方

六、甲方在乙方果園試驗證明有效之殺蟲方法乙方有向外界介紹之義務

七、如乙方有實際需要甲方可斟酌需要情形一方面[illegible]

华西实验区甜橙果实蝇防治队工作报告（一九四九年七月至九月）　9-1-184（175）

場購買苗木之優先權及八折之優待

九、除蟲後成績良好者甲方得酌予乙方獎勵以資示範

十、本合約之有效期間暫定為一年期滿後經雙方同意得繼續訂立合約

十一、本合約自雙方簽字蓋章後有效

中華平民教育促進會華西實驗區甜橙果實蠅防治隊

訂立合約人　總領隊　李煥章（印）

果農

住址　鄉　保　甲

中華民國三十八年　月　日

（附註）本合約雙方各執壹紙

柑橘產區農場果園概況調查表

平教會華西實驗區農業組
格式：K—1,1—7—49,200

調查者：
存檔號數：

一、農業概況

(1)______縣______鄉______保______甲______戶，(2)地名______

(3)戶主______家庭人數______男______(人) 女______(口) (4)教育程度：國外大學______
大學______(人) 中學______小學______私塾______適齡失學______

(5)勞力供應：家工______(人)長工______(人)短工______(人)童工______(人)僱用時期______

(6)耕地面積______市畝(或石)旱地______市畝(或石)水田______市畝(或石)荒地______市畝(或石)
牧草地______市畝(或石)林地______市畝(或石)果園______市畝(或石)池塘______市畝(或石)
墳地______市畝(或石)

(7)土地使用權：自耕______佃佃______租額______特別情形______

(8)作物：

作物種類	栽培面積(市畝或石)	產量(斗/畝)	生長季節	施肥次數	中耕次數	病虫害
小麥						
水稻						
高粱						
玉米						
油菜						
甘薯						
蔬菜						
其他						

(9)輪作制：第一年 第一季(大春)______第二季(小春)______其他______
第二年 第一季(大春)______第二季(小春)______其他______
第三年 第一季(大春)______第二季(小春)______其他______

(10)間作：夏季作物______冬季作物______

(11)家畜：水牛______(頭) 黃牛______(頭) 羊______(頭) 豬______(頭) 兔______(頭) 其他______

(12)家禽：鷄______(隻) 鴨______(隻) 鵝______(隻) 鴿______(隻) 其他______

(13)肥料：

肥料種類	來源	施用作物種類	施用數量	是否缺乏	其他
廐肥					
人畜糞尿					
油餅(菜餅豆餅等)					
綠肥					

(14)副業：

副產種類	原料	來源	每年產量	工作時間	家用數量	出售數量	總值

华西实验区甜橙果实蝇防治队工作报告（一九四九年七月至九月） 9-1-184（177）

二、果園概況

(1)園主姓名＿＿＿＿ (2)開園＿＿年＿＿月＿＿日 (3)園地面積＿＿＿＿自耕＿＿＿＿

租佃＿＿＿＿傭工＿＿＿＿ (4)地勢：坡＿＿＿＿平＿＿＿＿ (5)土壤，砂＿＿＿＿粘＿＿＿＿壤

礫＿＿＿＿ (6)施用肥料＿＿＿＿次數＿＿＿＿，中耕次數＿＿＿＿ (7)修剪法：夏＿＿＿＿秋＿＿＿＿

冬＿＿＿＿修剪用具：枝剪＿＿＿＿鋸子＿＿＿＿其他＿＿＿＿ (8)繁殖法：實生＿＿＿＿嫁接＿＿＿＿

其他＿＿＿＿

(9)生產成本及收入

技工費用＿＿＿＿元或市石(米)，長工費用＿＿＿＿元或市石(米)，短工費用＿＿＿＿元或市石(米)。

畜工＿＿＿＿元或市石(米)，家工＿＿＿＿元或市石(米)，肥料用費＿＿＿＿元或市石(米)。

農具＿＿＿＿元或市石(米)，藥劑＿＿＿＿元或市石(米)，土地租息＿＿＿＿元或市石(米)。

年產量：大年＿＿＿＿枚 小年＿＿＿＿枚 平均估值＿＿＿＿

(10)貯藏：

方法：庫藏＿＿＿＿窖藏＿＿＿＿其他＿＿＿＿數量＿＿＿＿(枚)

日期：自＿＿＿＿月＿＿＿＿日至＿＿＿＿月＿＿＿＿日止

貯藏期內病害：霉爛＿＿＿＿% 水爛＿＿＿＿% 乾疤＿＿＿＿% 其他＿＿＿＿%

(11)運銷：自運＿＿＿＿，別人運＿＿＿＿，搭載＿＿＿＿，工具：木船＿＿＿＿，挑＿＿＿＿，其他＿＿＿＿。

費用：木船＿＿＿＿元或市石(米)，每挑＿＿＿＿元或市石(米)，其他＿＿＿＿元或市石(米)。

直接銷售＿＿＿＿%，(買青＿＿＿＿%，買黃＿＿＿＿%，數籽＿＿＿＿%)，售與中間商人＿＿＿＿%。

(12)加工： 種類：果醬＿＿＿＿果汁＿＿＿＿果酒＿＿＿＿用途＿＿＿＿

(13)果樹：

記載項目		紅橘		甜橙		枳殼	
品種名稱							
來源							
特點							
砧木							
株數							
栽培株距							
樹齡	一年至十年株數						
	十年至廿年株數						
	廿年至卅年株數						
	三十年以上株數						
採果期	起						
	訖						
採果法	手摘						
	剪						
間作	種類						
	時間						
病蟲害及防治	病害	%	防治	%	防治	%	防治
	瘡痂病%						
	煤病%						
	樹脂病%						
	其他%						
	蟲害						
	中國果實蝇（蛆柑）						
	銹蟲（銹蜘蛛）						
	瘤蜘蛛						
	介殼蟲（糠，矢尖紅，其他）						
	潛葉蛾，潛蟒，						
	天牛（褐、星、枝、）						
	其他						
其他							

121

中國甜橙果實蠅(Tetradacus tsuneonis Citri Chen)防治法

吳乾紀編
三十八年八月

中國甜橙果實蠅之防治，原則上除配合果農組織努力於減少作外，更應防範其傳播蔓延，其原則擬訂如下：

一、組織果農互相監督，禁止販賣蛆柑

二、組織果農互相監督，禁止亂拋蛆柑

三、組織果農互相督促，殺滅果實蠅。其方法及日期如下：

甲、蛆虫之消滅：自秋分至小雪。

乙、蛹期之防治：自小雪至立春

丙、成虫之防治：自立春至小暑

丁、天敵防治法：尚待搜集其寄生物。

下列諸種防治方法，係按照果農經驗，以其合本區之環境，可能各地情形分別斟酌使用。

甲、蛆柑之消滅：自秋分至小雪，為受害果實易於識別之時期，摘果而加以處理可以消滅蛆虫，茲將各種有效處理蛆柑方法順序簡述如次：

人、窖積發酵滅蛆法：作普通形似普通貯藏紅苕之窖之周圍復作一溝環繞（見圖（一）上）溝中備以柑葉之汁水（如能用DDT大油唐添更好）以毒殺爬出之虫，應用時將蛆柑傾入窖中，每次將蛆傾入之後，將木板蓋緊，至窖充滿時，則將蛆柑壓緊，面上加厚土，使窖中之蛆柑發酵生熱殺死蛆虫（註：此法係高歐賀有章先生所設計而加以改進）

圖（一） 窖積發酵滅蛆虫之窖

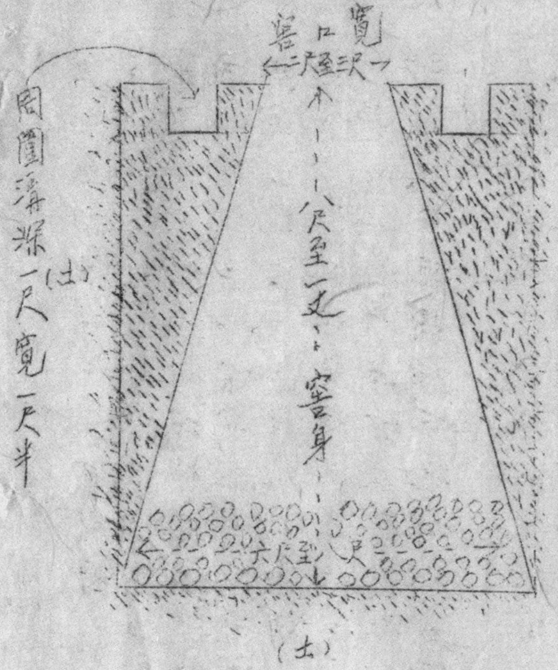

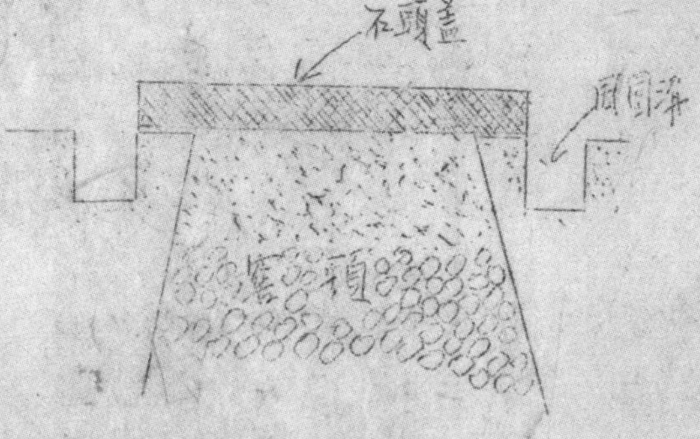

（圖一附一）

122

火油殺蟲法：可利用園裏（或開新池），池周圍均面立合土之池中，加水入至池底三分之一或二分之一（），水面浮以火油，漸將蛹輕輕入，並以竹篾將蛹推壓下至水面（見圖二），則蛹蟲可為水淹沒窒息死亡，而有浮至水面之蛹蟲，亦因火油附於水中窒死。於使用此法時，以池之口徑較小為佳，盡可省油。大約池內水之面積為二十五方尺者，需加火油二兩。又市面上之火油為質不佳，用時可先加水數倍作成乳狀液，使其易於分佈於水面。

據真武陽中國農民能行園藝推廣示範場之經驗，如以百分之二〇〇丁火油溶液浮於水面為殺蛹蛆蟲毒死（所費亦可不用）（參看圖三）。每次將由池中已殺死之蛹推撥出時，或自地下土面蒸發，以致火油損失，應於此時斷續加火油少許。

（第二圖及第三圖見後）

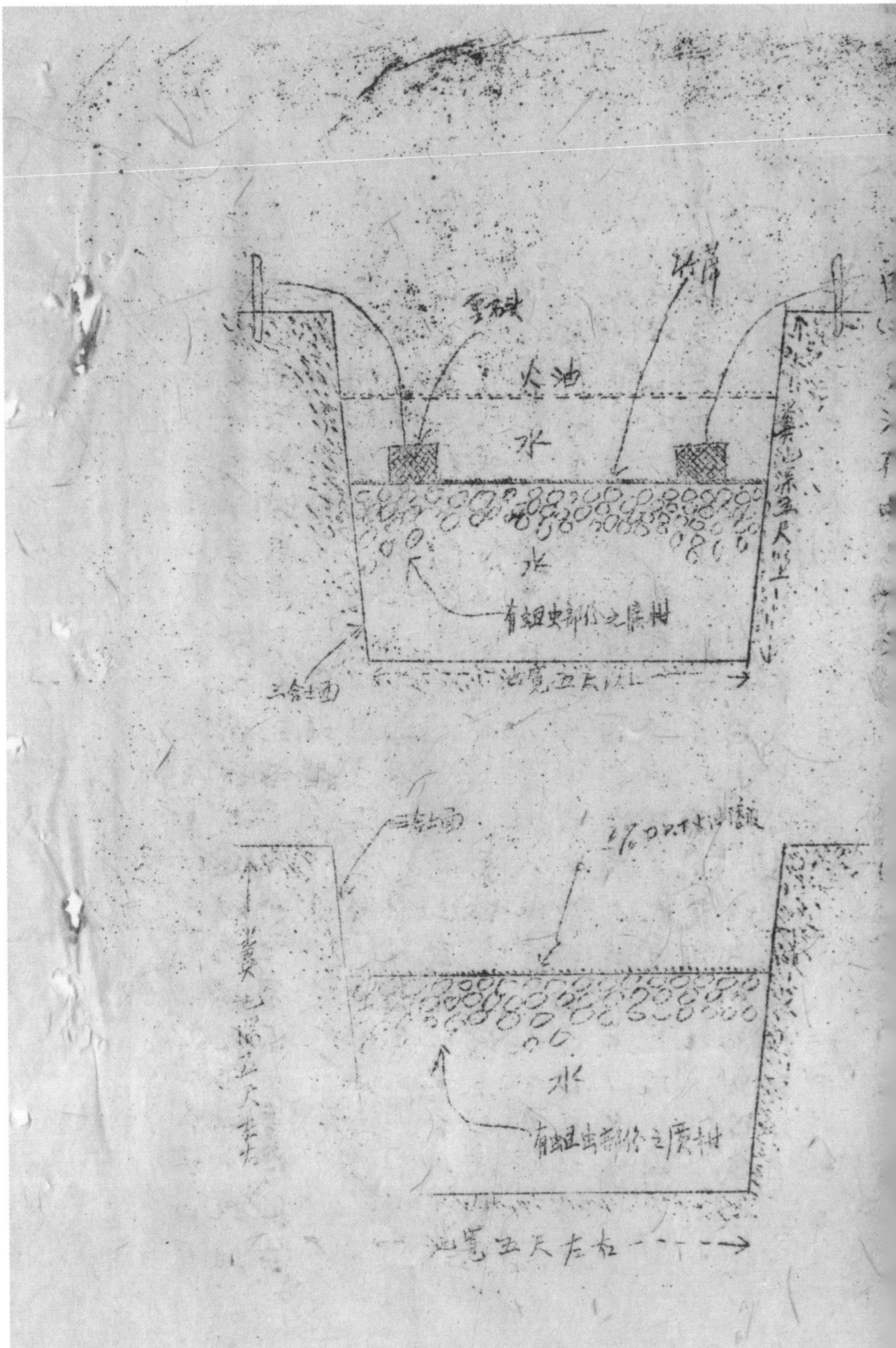
火油
水
水
有蛆虫部份之广柑
三合土面
水
有蛆虫部份之广柑
池宽五尺左右

123

3\. 本蒸殺蛆方法：[illegible]法萬無一失，且可利用蒸熟之蛆餵雞鴨，[illegible]法僅適宜蛆柑數量不多時，或小型果園，[illegible]之果園可斟用蒸籠蒸煮蛆柑。

4\. 火燒滅蛆法：於蛆柑數量不多時，或在小[illegible]，可利用灶內餘火，[illegible]蛆柑，[illegible]殺果蛆。

5\. 生石灰水解生熱殺蛆法：利用生石灰加水生[illegible]蟲。使用時先揀蛆柑切開，將有蛆部份積于[illegible]淨之糞池中，然後將生石灰加入池中，加水[illegible]許，石灰水解生熱，燙死蛆蟲。此法甚可靠，惟在江津[illegible]陡坡地帶，交通不便，運輸困難之處，生石灰不易購得，則甚不經濟，若將蛆柑集中，大量處理，則可較為易舉而經濟，出產石灰地區可使用此法。

6\. 深坑埋殺蛆法：於果園中，地下水面較低處，掘一深坑，將蛆柑傾入壓緊，至距坑口二尺許即覆土，再力鎮壓，以窒殺蛆蟲，冬至春季前引水入坑中，如有未死之蛆蟲，至時必被水淹斃。

7\. [illegible]

水解生熬杀蛆法：然后方加水，而将蛆封[illegible]坑或池中，先铺生石灰一层，其上铺蛆[illegible]，再于其上再覆生石灰一层，如此间隔堆积，顶层再盖[illegible]石灰，堆至最顶层宜特别小心，勿使蛆虫漏网脱逃。

上述诸种方法，第一为窖积发酵，第二为火油[illegible]，丁、滤法，第三为水煮，第四为火烧，第五为生石灰生热。诸法之杀蛆均有可靠之效力，就中以第一法最为经济，应尽量采用。

乙、蛹期之防治：中国甜橙果实蝇之幼虫（蛆），于受害果实落果后，即钻入土中，化为蛹，准备越冬。防治之法，宜于小雪至立春期内，于树冠周围，以锄头施行深耕，将埋藏土中之蛹曝露于土面，藉天气寒冷冻死虫蛹。

丙、成虫（蝇）之捕杀：

一、镇压闷杀羽化尚未出土之成虫（蝇）：立夏前后于雨后泥土未干时，将土踏紧或压紧，使羽化之成虫不易钻出，闷死于土中。

124

2. 誘殺法：立夏至小暑為成虫羽化出現最多之時期，用粘蠅紙（用紅糖二分阿拉伯膠或牛皮膠一分加水煮融，成膠狀液塗於油紙上）掛於樹枝上，或將紙縛於竹竿上，在柑林中黏捕成虫以殺滅之。

3. 毒餌法：據美國佛羅理達州（Florida）之地中海蠅柑防治報告：用砒酸鉛二磅，紅糖二十五磅，糖漏水五加侖，水一百加侖為毒餌，毒殺成虫，甚為有效。該區自一九二九至一九三○年使用毒餌防治之後，迄今未重發現。非洲曾用亞砒酸鈉一英兩，白糖二磅，水四加侖混合，為毒餌亦甚有效，每株中年樹僅須用毒餌一磅，以[illegible]噴射法噴射在樹葉上即可。美國德克薩斯州（Texas）所發現之墨西哥果實蠅之防治，亦嘗使用上述毒餌法。

毒餌之使用時期，為自成虫羽化出現至產卵前，據目前所知中國甜橙果實蠅之生活史，毒餌之使用，應在立夏至小暑之間，每隔三、四天噴射一次，每於雨微稍晴時，應重新噴射。

惟此法在目前我國藥械不克自製之際，不能普遍應

华西实验区甜橙果实蝇防治队工作报告（一九四九年七月至九月）　9-1-184（185）

困・实为摭事・
滅蛆、殺蛹、毒死成虫之為防治中國甜橙果實蠅一環中三種方法，任何方法，如能徹底施行，均可奏效，若相輔併用，更易為功，在本國藝材經濟蕭條、人工缺康之今日，摘果滅蛆，翻地殺蛹，實行比較容易，推毒殺成虫之成效比較徹底，是則藥械之普遍供應，當為目前之急務，而用農民習慣，更為當局所應基本策劃之百年大計也。

（完）

（附件十四） 中華平民教育促進會華西實驗區甜橙果實蠅防治隊

支出經費簡報表

項目	開支項目	付出金額	說明
1.	[illegible]	[illegible]	[illegible]
2.	隊員米貼	362942	[illegible]
3.	旅費	218001	[illegible]
4.	運費	21000	[illegible]
5.	殺蟲藥劑	[illegible]	[illegible]
6.	[illegible]	14982	[illegible]
7.	工人	44509	[illegible]
8.	辦公費	45452	[illegible]
9	醫藥	8210	[illegible]
10	宣傳費	3851	[illegible]
11	調查	10145	[illegible]
12	招待	11380	[illegible]
總計		[illegible]	

註：(1) [illegible]
(2) [illegible]
(3) [illegible]

华西实验区甜橙果实蝇防治队工作报告（一九四九年七月至九月）　9-1-184（187）

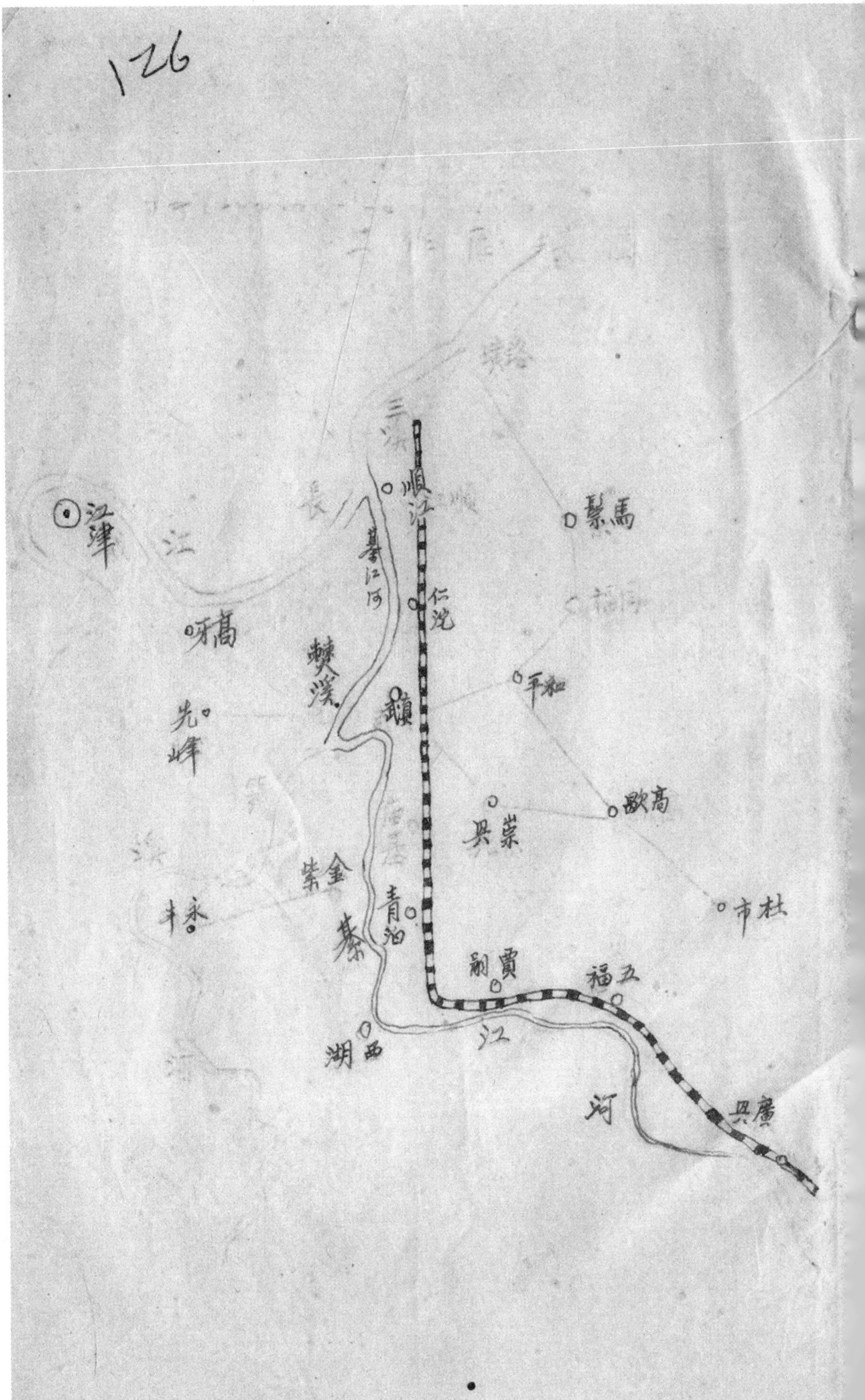

128

〃華平民教育促進會華西實驗區甜橙果實蝇防治總隊示範果園合約

〃華平民教育促進會華西實驗區甜橙果實蝇防治總隊(以下簡稱甲方)為推進果實蝇及天牛之防治工作願與果農戴執中(以下簡稱乙方)合作以乙方所經營坐落真武鄉第六保之果園為示範果園茲經雙方協議訂立合約如左:

一、乙方必須完全接受甲方技術上之一切指導

二、關於本年度防治果實蝇及天牛所需之藥劑由甲方供應

三、關于防治果實蝇及天牛所需之勞力(如採摘處理蛆柑等)完全由乙方負担

四、甲方為研究起見如需採取果樹材料或特别處理致使乙方果樹遭受損失時甲方得商同乙方給予公平之代價

五、除蟲後果園所獲利益完全歸於乙方

六、甲方在乙方果園試驗證明有效之殺蟲方法乙方有向外界介紹之義務

八、乙方如[illegible]

場購買苗木之優先權及八折之優待

九、除蟲後成績良好者甲方得酌予乙方獎勵以資示範

十、本合約之有效期間暫定為一年期滿後經雙方同意得繼續訂立合約

十一、本合約自雙方簽字蓋章後有效

中華平民教育促進會華西實驗區甜橙果實蠅防治隊

訂立合約人　總領隊　李煥章

果農　戴執中

住址　真武鄉第六保第五甲

中華民國三十八年九月十四日

（附註）本合約雙方各執壹紙

华西实验区蛆柑防治队第三区队第十二分队工作报告　9-1-204（95）

63

工作报告

第十二分队

华西实验区蛆柑防治队第三区队第十二分队工作报告 9-1-204（96）

64

敬愛的總隊部的諸位先生：

在你們領導之下，我們開始工作了半月有餘，在這一段短短的時間里，我們把初步的準備工作告了一個段落，在次一步工作開始之前，我們願意把我們的工作和一些意見報告你們。

我們最初來到這里，對地方是陌生的，正如地方人士的不了解我們一樣，於是，我們一方面在文字上和口頭上展開了宣傳工作，把我們的工作的意義和方法向地方人士解說，爭取他們的了解和合作，一方面分別下鄉到各果農家

94

里去談話．[illegible]
向的努力和摸索中，我们曾遇了很多困難，
也獲得了一些成效．現在，地方人士對我们的，
工作已有了相當的了解和熱忱．為了配合工
作的需要．以保為單位的組織在我们的協
助和督導之下．先後開始了籌備的工作．
同時．我们對地方環境也有了一個輪廓的
了解．對工作也更增加了信心和熱忱．這不
是說在工作上的困難已經很少或者很不嚴
重了．相反地．隨着工作的展開．困難就更

华西实验区蛆柑防治队第三区队第十二分队工作报告　9-1-204（98）

複新的自然也不斷地在警惕着我們・正如李先生所說的我們的工作是一种創造性的工作・没有成規可循的・憑我們幾個學識經驗都不夠的年青人去摸索是很困難的・在老百姓面前，我們是領導的・除了向他們獲得很多寶貴的知識和啟發外・对他們提出的很多問題・我們没法提供具的解答・從課堂上書本上所理解的粗淺的科學知識・在老百姓的鉄的經驗面前顯得幼稚而脆弱・我們除了努力學習・充實自己

93

派人到其他隊区去觀摩研究之外，并希望聯絡的工作更具体而加強，傳遞各隊的經驗，尤其希望總隊部的先生们能抽出更多的時间來隨時給予我们工作的理論和技術方面更多的指導，供應我们充分的資料和工具。

最近，總部的鈡先生和夏先生出來視察，帶給了我们一個令人驚異的消息，就是說總部決定這次的蛆防工作不用DDT也許用另外的药來代替，記得在我们出

华西实验区蛆柑防治队第三区队第十二分队工作报告 9-1-204（100）

66

發之前，每一位先生都很肯定地毫无保留地宣称用DDT殺滅果蛆，我们到了这里，也一樣肯定地毫无保留地宣称用DDT殺滅果蛆，可是现在忽然決定不用了，且不談利用何种品藥的功效如何，在我们的作传上，在各地方人士的信心上，是不是有很大的影响了，我们很怕先生们认为農民都是容易接受欺骗的！我们覺得，要是吝惜這一批珍貴的DDT，就犯不著動員這樣龐大的人力財力来宣导動員教育本区，要是

92

對使用的模方法有把握，效不確言[illegible]
這樣盲目這樣硬性的決定下來，因此，我
們希望根據今後對任何問題的處理都要
慎重！

我們對鄉農會事業有着無比的熱愛，更
關懷着它的前途，我們希望在我們每一個人一
點一滴的努力中使老百姓都逐漸獲得一種
人的生活！

下面，我們整理了份工作方面的資料，作
為我們在這一段短短的時間內的工作報告。

华西实验区蛆柑防治队第三区队第十二分队工作报告　9-1-204（102）

67

工作大事記

17/7 晚八時許全隊到達[illegible]

18/7 ①安定食宿問題

②開工作討論會議

③與本地首要接觸

④開始①編寫標語，②編寫壁報

⑤檢討過去（工作檢討，生活檢討）

19/7 ①標語壁報

②繼續與地方人士接觸

20/7 午前集体拜訪鄉公所

91

21/7 編寫果農書

22/7 ①開全鄉蛆柑防治座談会

②散發果農書

③個別接觸果農

23/7 準備貼新場的壁报及標語

24/7 午前至新場張貼壁报標語及口头宣傳

午後至各別拜訪果農

25/7 開一保果農会议

26/7 場坊与組甲四六保長代表及大園户接談

27/7 全保到六保開果農会

华西实验区蛆柑防治队第三区队第十二分队工作报告　9-1-204（104）

68

28/7 领队与队长赴四保开会
队员全体到五保分头访保长代表及果农

29/7 早饭后与五保七保接触并与四六保々接联络

30/7 领队队长赴七保开会
队员访二保

31/7 ①五保开会
②拜访一保
③整理标本

1/8 ①与二保接洽及与各保々接联络
②促成一保二次果农会

90

	②与各地[illegible]联络
3/8	①二保開会
	②開会討論整理开会報告等資料
3/8	①继续整理資料
4/8	①編寫第二期壁报
	②開学習座談会[illegible]每十日一次
5/8	完成第二期壁报
	绘製各保詳圖
	各保户概况及各甲長姓名住址之彙集工作
	各保促進会負責人之彙集工作

华西实验区蛆柑防治队第三区队第十二分队工作报告 9-1-204（106）

69

6/8 第一次工作總檢討会

討論工作計劃

7/8 調查工作宣傳之準備

8 討論調查表

附註：每晚開檢討会（工作檢討会，生活檢討会）

华西实验区蛆柑防治队第三区队第十二分队工作报告　9-1-204（106）

89

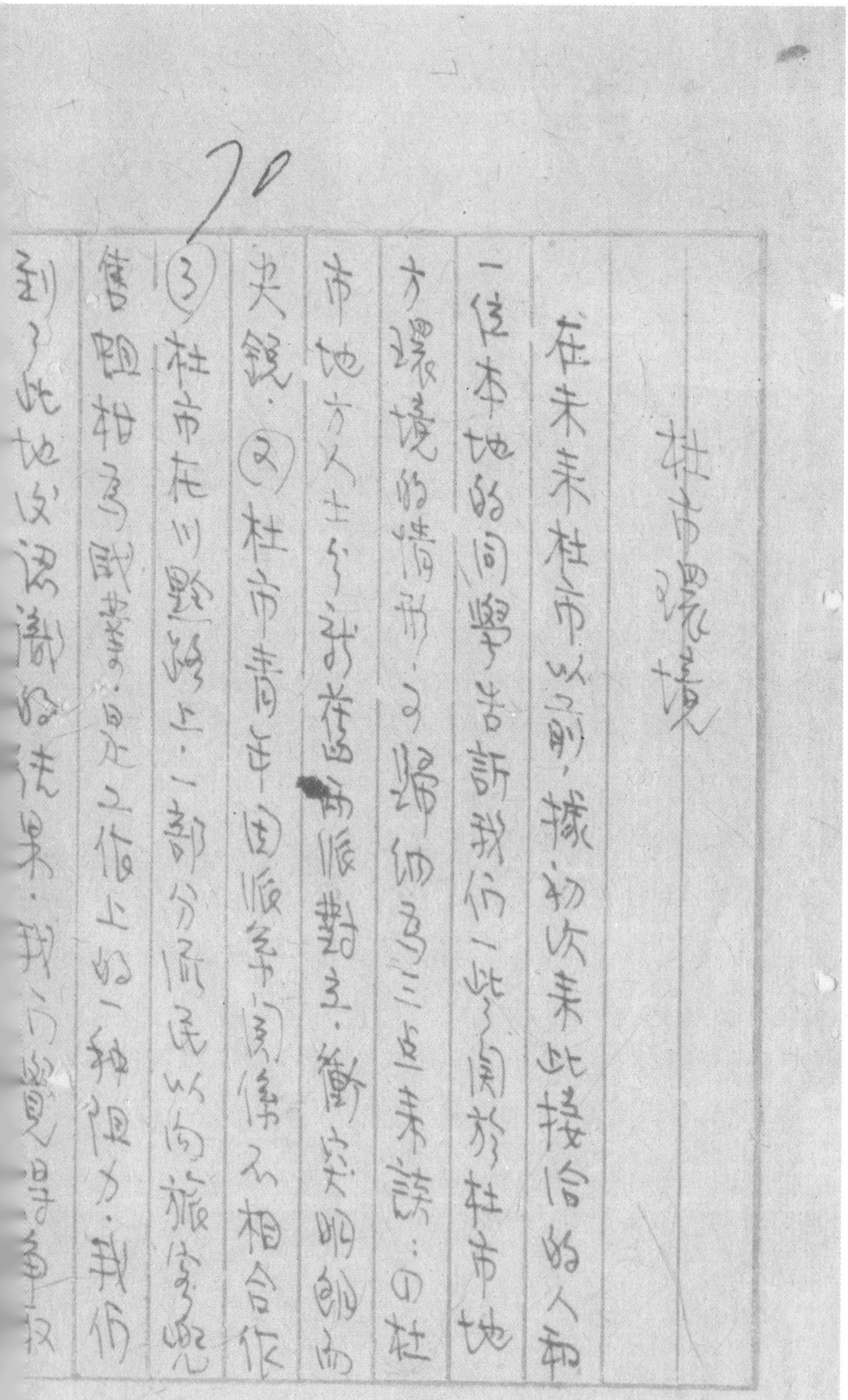

华西实验区蛔柑防治队第三区队第十二分队工作报告　9-1-204（107）

华西实验区蛆柑防治队第三区队第十二分队工作报告　9-1-204（108）

88

地方派系的合作是值得特别用力的地方，整
地方青年是否协助我们的宣传工作，他
们的反应也很好，兜售蛆柑的问题已成过去
在普遍摘果蛆柑运动中，被侵的群众，不
很固定的蛆柑贩子已不存在了。
杜市的新老两派中，在行政力量上新派较占
优势，但新派人物如参议员是只能空口说
大话而不能行动，乡民代表主席不是果农
对我们的工作表现得很冷淡，八位乡民代表
中新派占了五席，他们和乡长都很赞助

71

我们。但乡公所的力量不够使乡政行政工作顺利推行，因为旧派在各方面都纠缠他们，加以阻挠和反对。旧的封建力量和他们结合起来随时随地都向乡政负责人掀起攻击。在我们接触的旧派人士中，一般见解都不够高远，气量狭小，使我们在工作上常有动辄得咎之感。一般说来，杜市乡没有一个特出的有力的人来实地协助我们。

根据对地方农民的了解，我们认定了

87

這樣的工作原則：①宣傳的範圍該小，人事向要簡單純。我們的工作以保為單位，一面抓緊各保的上層人物如保長保代表士紳等，一面到鄉下向每家農工作廣泛的輕訪，使我們的觀察更深入，我們的宣傳工作更普遍。②組織以保為單位，每甲各保為單位的組織構成全鄉的聯合組織。③廣泛與各派人士接觸，以免引起誤會，影響工作。④以我們艱苦奮鬥的精神感召他們。

华西实验区蛆柑防治队第三区队第十二分队工作报告　9-1-204（111）

72

我們的宣传工作

宣传是我們展開的第一步工作，因來時因為人士環境的不熟悉，準備工夫也來不及做到，我們也不能集体下鄉拜訪私做一些另外的工作，八月十九日逢杜市場期，我們採用了壁報标語，兩种方式，這不但有一個报刊引人注意的作用，或許更能博得中上層階级对我們的了解，這次宣传内容的重心大概是①說明我們的来意 ②蛆柑為害的嚴重性 ③果實蝇的生活史 ④防治蛆柑的方法 ⑤强调防治蛆柑应該各果園一齊動手 ⑥呼籲地方人士的合作，在短短的十幾分中，我們的工作收穫是得到了一部份人的了解，並也引起了一部份人的注意和兴

3/8 整

86

能滿足一部份的需要，廿六日我們發了告果農書，內容着重在組織
工作合併一般，下期壁報準備（月五號刊出）內容着重心也要
定大概着重于：①調查工作之意義 ②病蟲害（調查意义者的）的防治
③分配果數量 ④維護組織的重要
為了未來大多數途了解其廿二日召開了保長聯席會後，廿四日我們
就開始下鄉拜訪各保的果農，們說向他們解釋說明我們的來
意，工作的意义与方法，果实蝇生活史說明組織私合作的重
要並且拜訪一保有很在拜訪過的者，二天或者第三天就召開
該保的果農會，這是一种集體宣傳与解釋的方式，並且發動他

华西实验区蛆柑防治队第三区队第十二分队工作报告　9-1-204（112）

73

他們宣動組織，在這些會上我們很是獲得了大數人的了解，他們並自動的發起了一種"廣柑害蟲防治會"的組織，一月五日我們完成了各保果農会。在普遍的拜訪與接觸中更有一個選擇熱心幫助我們工作的青年朋友的目的，因爲他們容易了解我們的工作與得到當地人士的信任，想藉他們作工作上的聯繫和間接宣傳，收效一定遠超于我們，在這時期我們已得到好幾十個年青朋友的贊同與樂意幫助，趁場天大多數的人都聚集在場上，我們就利用這個機會在茶館作一種普遍的接觸與意見的交換，這也是一種宣傳方式。

在宣傳工作中我們遇到了很多問題和困難，有的我們自己

华西实验区蛆柑防治队第三区队第十二分队工作报告　9-1-204（113）

85

1. 文字宣传，要以漫画最能收效，它可能使多数人明白，可是我们没有漫画（果实蝇的生活史）的材料。

2. 地方专员派别很多，对工作上也是一个大的障碍。

3. 有人怀疑我们的工作另有用意。

4. 我们本身条件不够，如灭蝇技术与理论方面的，有时竟不能自圆其说。

华西实验区蛆柑防治队第三区队第十二分队工作报告　9-1-204（114）

74

我們的拜訪工作

為了補救文字宣传之不足，使宣传更深入，使老百姓更了解我们工作的重要，我们工作的態度及方法，發動大家一起工作起見，我们于七月廿四日開始果農拜訪工作，一人至三人一組，每天走十九里至四十九里，以拜訪一保為限。七月廿四日拜訪第四保共十六家，廿八日拜訪第五保共三十二家，卅日拜訪第二保共十五家，卅一日拜訪第一保共十三家。到目前為止，我们已经拜訪了四保共七十六家人。

因為限于時间和精力，对于僅有一兩根果樹的果農家，我们只有放棄。同時对于九百株以至于一千株以上的大果農，因为[illegible]

84

同他们本身对这工作已很重视，我们很少登门拜访，可以我们拜访的对象，大多是几十株至百多株的小果园。

在拜访中表现得最热心，最重视这工作是最大的果园，相反的果园愈小的对我们的工作愈冷淡愈不足轻重。

我们拜访的效果可以从拜访以前同拜访以后，果农们不同的反应看出来，当然绝大多数的人家是当我们踏进门的时候，冷冷的，甚至不理睬，但是当我们愈说到后来，愈讲明了我们的来历——平教会的组成，及我们的工作态度与方法之后，他们的脸上也愈露着笑容，围拢来的人也愈多了，到了我们告辞的时候，他们简直可以说是在殷殷的送别哩！相反的，对于我们的拜访，始终固执，始终冷淡，甚至

华西实验区蛆柑防治队第三区队第十二分队工作报告　9-1-204（116）

75

毫不了解我们的谈话的意思的人也有。用不着多解释，一直反应很好的也有人在。不过这两种反应，都是少数。

在拜访中我们弄到了几个问题：

1.疑惑我们的方法及蛆柑的来历：如像(一)我们自己用的方法他们曾经使用过，结果收效不大。(二)他们认为蛆柑放在水中，可以把蛆淹死。(三)蛆之来历，他们坚持花中就有蛆……

2.疑惑我们是共产党派来的，拜访调查为以後清算斗争之用。

3.疑惑我们只在说得好，只不过是政府的手段，将来一定要拔树抽税，甚至有人想立刻把树子砍去。

4.我们工作最大的益处是最大的地主得，每年可以增加他们柑子

83

几百石谷子的收入，所以[illegible]得最热心，最与我们合作。

5、我们本身不够：(一)对于蛆柑的研究，对防治的方法技术都了解不够。(二)接触农民的方法不够：如言语、生活习惯均欠大众化。

虽然限于时间关系，我们只拜访了七十六家，但是我们对于每一家都谈得很详细，很深刻。这个拜访的方式使我们的宣传工作扩大到全乡每一个角落。我们觉得这种宣传方式比文字宣传及赶场天上街宣传都更有效。当然这七十六家只是拜访工作的一个开始，以后我们会不放过每一个机会，深入乡村，使老百姓更了解我们的工作，更热心我们的工作。我们也更懂得老百姓。

八月三日于杜市

华西实验区蛆柑防治队第三区队第十二分队工作报告　9-1-204（118）

76

果農会议

(一)開会的意義：

A.目的：使農民們充分的明白這次工作的要義，自動自發的組織起来，互相監視互相督促，使達成這次工作的任務，并為建設本地廣柑大規模事業而努力。

B.内容：

A.向農民們介紹中華平民教育促進会華西實驗區

B.說明我們的来意，并简述蛆柑為害之嚴重，蛆柑的大

C.蛆柑蠅的生活史，防治的方法。 E.大家一起動員并強調組織之重要 F.說明調查之意义。

82

(二)开会的方法

1.趁场日期召集开会各保（在本场期内要开会的保）政治领袖及该保内有声望之人士接头并个别与各大果农谈话。

2.开会分三组巡回工作，第一组到约定的保内与果农大会，其余二组分头拜访第二日开会的各果农。

(三)开会的反应

1.到会的人数：第二保五十三人，第四保四十五人，第五保四十三人，第六保四十五人，第七保三十五人。

2.人民的态度，经吾先说之后希望大家拟定公约一致

华西实验区蛆柑防治队第三区队第十二分队工作报告 9-1-204（120）

77

联防，经王君希望政府拿出力量来，保甲人员应负切实
负责，并强迫办法——先劝导，后强迫，她并以为政府当派果园
为模范，说明蛀柑是防除果实蝇最有效的办法，请指导。
希望大家一致动员，并强调组织协助防治蛆柑，切实消灭
蛆蝇。严清臣说明防治要摘拣，摘下不得乱丢，要，摘下即
摘青，是该年的办法。消极即是摘蛀柑，为根除的方法，也有
人认摘青，吴三爷希望大家认清广柑事业的重要，不要
放过比良好的柑实，最后她请大家不要误解她所是协助指导
视的，并且强调查之重要，希大家要以自己的地去告诉她们，
她们亦有该说我们应服从樊先生，要大家当心，各子，不要

8

因此[illegible]保[illegible]组织章[illegible]

（四）開会結果

一、第二保組織一處柑橘促進会，选出余正乾等九人任委員，并擬定章程，第四保組織一處柑橘促進会，选舉焙星等七人為委員，并擬定章程，其他第一保、二保、六保也先後有廣柑生產促進會的組織和章程的擬定，并各推其委員，第五保組織中七人当任，第六保由李昭應等五人当任。

华西实验区蛆柑防治队第三区队第十二分队工作报告　9-1-204（122）

78

工作計劃

現在，訪問和組織的工作已告一段落，以下的工作，我們是這樣計劃的。

一、宣傳工作　次一步宣傳的主題是對調查問題的解說，因為在這以前，一般人由於過去政府抽丁徵糧的痛苦的經驗，對我們的農業調查果園調查也有着很大的恐怖和疑慮，在這重障礙未掃除以前，我們的調查之信度是不易獲得

80

的成效的，針對着這一個問題，我們除了花口頭上盡量向各方說明我們的調查之意義及調查時向他們解釋以外，在文字上繼續用標語，用壁報作一般的解釋——為了更加強文字宣傳的力量，除繼續刊出已出版兩期的果實蠅外，另增出一種窗報，每場出一期，內容是針對調查之後的解釋和之後蛆柑防治的報導。已於八月十八日創刊，調查之後完成後，宣傳的內容即注重在蛆柑的技術

华西实验区蛆柑防治队第三区队第十二分队工作报告　9-1-204（124）

79

方面的說明和講調工作上的互相配合。
我們的文字宣傳只是對具有識字能力以
上的人作的，這是比較表面的间接的，真
正需要解釋需要宣傳的是不要教的
不識字的農民，因此，我們更大的精力
是要用在向農民解說调查時的個別
談话上，和他們討论問題，同他們互相教
导，過去，我們这种作法是收了較大的效
果的，將來，我們將繼續这种作法。
六、調查工作　要是及有等未的範圍

79

组按。我们将于本月十三日开始调查
工作。本队的八位工作同人分为四组。每
组每人负责每天完成八至十户。工作时
间按当时需要由一个人或两人同时进行
调查。又随时讨论种种的时的影。
本乡园户约五百户。倘能按照预定
日程继续，则于八月底以前可以结束调
查工作。
开始调查时，我们选定以第五保
作实验性的调查。因为第五保的人多

华西实验区蛆柑防治队第三区队第十二分队工作报告　9-1-204（126）

80

環境較單純，地位在果園最多的第四、六保之间，又可以影响他们。而第五保的果園也大小都有，富有代表性。选這里複雜的經驗，可依其他保區之依时的改進。

調查時，我们除了对調查表的填寫力求詳確外，関於捕蛆柑的準備工作如勘測挖坑地点，工作人才的选拔等的问题，亦随時注意。

調查工作結束后，我们準備用一段時间來整理調查資料并根據它來作第四

78

果蝇体长计算·摘果之作·

三、摘果之依　摘果时我们只是利用各保的农村生产促进会来推动工作·我们只每天每保派出一人巡视监督·随时改正他们技术上的错误·使之摘果期内全乡都能同时不懈地留用之作·花这里·我们希望农部对发生药的分配，应用的早作决定·使我们有更充分的时间来考虑、准备·

华西实验区蛆柑防治队第三区队第十二分队工作报告　9-1-204（128）

81

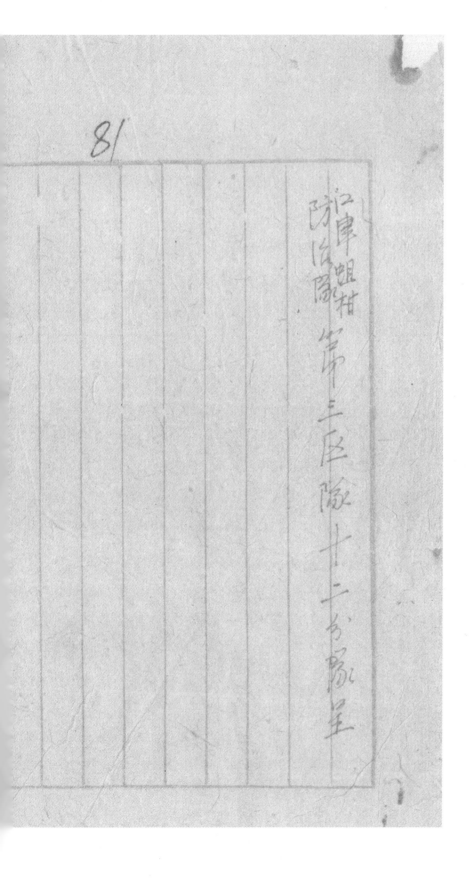

江津蛆柑防治队第三区队十二分队呈

华西实验区江津蛆柑防治队第四分队工作报告书　9-1-204（129）

82

阅 卅八、八、廿四日

甜橙果实蝇防治队

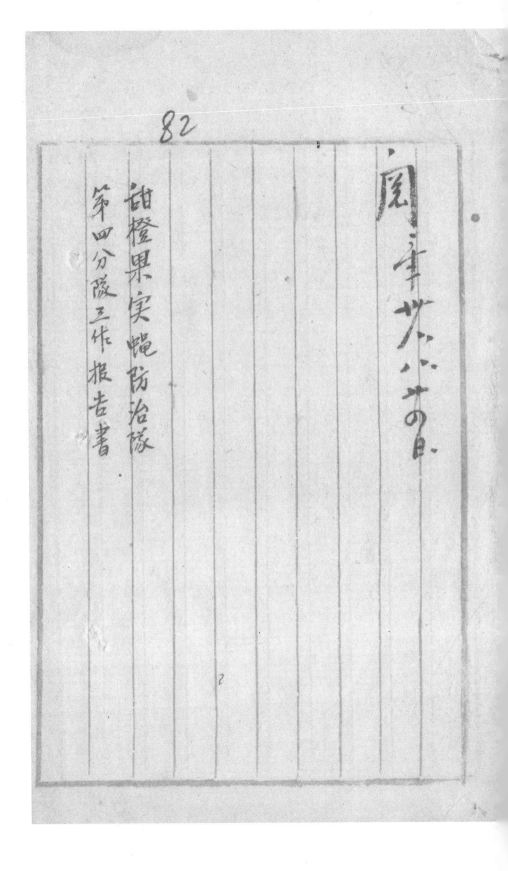

第四分隊工作报告書

华西实验区江津蛆柑防治队第四分队工作报告书　9-1-204（130）

83

第四分隊工作報告

一　工作情形

(一)初步联絡

1.經過：

七月廿日——到工作地点的第一天，晚上即由領隊介紹與鄉長及鄉公所各負責人員認識，会談。

七月廿一——由隊長與領隊分别拜訪地方顯要（包括大爷、五哥）听取意見。

七月廿二——分别整理内務，造伙食預算，準备次日赴鄉事宜。

75

七月廿三——逢場，全体出馬赴當地首要謁訪，並向各保甲長說明來意，介紹身份，及今後工作，切盼協助等。

2. 結果：

A. 人事方面：知道地方关係尚不複雜（無顯明之新舊劃分），鄉長老好，对我们工作尚能協助，一般態度不太热心，廖氏弟兄——出名的廣柑大王三王，对我们工作有輕視意味，第三保林保長，研究果实蝇生活史二年多，对於虫的撲滅有「糖粘法」「亮水法」之試驗，並極贊成有組織有計劃之進行。

B. 地域方面：住鄉公所，离場約半里，靠鉄路，臨綦河，場小，轄區大，共上至賈嗣（七保）下迄真武（十二保），南迄宗興（十二保），北連金紫（三保，十四保）

华西实验区江津蛆柑防治队第四分队工作报告书　9-1-204（132）

84

蹤横卅里，共十四保，廣柑樹约五萬株以上，蛆柑多。

(二)訪問果農

1. 經过：从七、廿四開始至卅一日止，此項工作全部完成，上下午皆出發，分保分組挨户訪問，這一工作是最艱辛的，如果這一步做得好，以後一切工作都容易做了，訪问這一工作除看果園位置知道果樹數目及蛆柑嚴重程度外，更重要的还有下面幾點意義：——

(1) 收宣傳的效果甚大

(2) 發現知识青年朋友

(3) 留意示範果園的條件

2. 結果：見下列各附表（表附后面）

74

(1) 全鄉果園分佈地圖一張　(4) 甜橙株數比較表

(2) 果樹数目及蛆柑成份概略表　(5) 果農反应曲線

(3) 蛆柑成分比較表（以保為單位）

訪问完畢後，有五位青年朋友来参加了我们的工作，帮我们带路，找果農开会，一起参加保果農会，对我们的工作加以宣傳和說服，給予我们不少方便。

(三) 保長、及鄉民代表座談會

1、經过：在訪问快完而未完的時候，我们利用了鄉公所开軍糧会议的好機会，於七、廿九开了保長座談会，卅日开了鄉民代表坐談会，因此人数到的都很齊，我们每人都分配了題目，講了话，并將訪問中所听来的果農

85

对我们的誤解加以解釋。

2、結果：

反应很好，我们无异又对他们作了一次口頭宣传，并对組織方面有了一個啓發，會使他们提出很多有关问題。

(四)宣传

1、客观條件限制了文字的宣傳：——没有出壁报

青泊場小，地方人多不趕本場，而反趕西湖、貫嗣、真武的多、文化水準亦低，絕大多數的果農皆不识字，因此我们不着重文字的宣传，只有从口頭上努力，口頭宣傳事宜上从工作一開始就同時進行了。

2、方式：

73

A.標語——趕場天、不要太早、趕人到得相當多了的時候，分頭去貼，每貼一張、就有不少人圍攏來看、你就以該標語為中心意思、向他们解釋、宣传

B.連環图——以標語法炮製、并以導生傳習法、很每甲一识字的回去講給不识字的听。

C.設詢問處——在茶館里、貼出放大的蛆柑图、果实蝇生活史图、連環图等、声言向果農解答問題、并每次将詢问人姓名、及提出问題作一簡单紀錄。

D.登棹講話——聚攏的人多了，就爬上棹子，向大众賣起「狗皮膏药」来。

华西实验区江津蛆柑防治队第四分队工作报告书 9-1-204（135）

86

(五) 組織果農

1. 籌備工作：

A. 定開会日程、趕場接頭、發開会通知

B. 擬公约内容、起草組織章程

2. 開保果農会议：

成立蛆柑防治会保分会，商讨公约，选举乡蛆柑防治委会之籌備委員。

此一項工作從四日起至十一日已完滿结束

3. 開鄉蛆防会籌備会

内容：

72

(1)确定组织章则

(2)、通过公约及奬懲办法

(3)推定正式人选

(4)定開正式大会日期

此項工作已於八·十二·上午完成·

华西实验区江津蛆柑防治队第四分队工作报告书　9-1-204（137）

87

二、我們是這樣生活的

我们這一群新生隊的同志们，到青泊鄉已廿几天了，像其他各鄉的同学一樣，生活在緊張、勞累、而愉快的氣氛中。除赶場天宣傳社交外，多是在外面跑，晚飯後是一天中最輕鬆的時候，摆龍门、唱唱、男同志们下河，我们相處得多和谐！看吧，我们就是這樣生活着的：

（一）生活的安排：

1、每日作息时间表（見新生隊作息时间表）

2、逢場天「二、五、八」，上午在街上宣傳、会人、接洽事務、開会、下午做完内工作——整理資料、筹劃下場工作、编写宣傳品

（二）住處環境——疲勞恢復所

华西实验区江津蛆柑防治队第四分队工作报告书　9-1-204（138）

71

我們住在離場半里路的鄉公所（杜家祠堂），面臨鉄路，綦河，用水方便，環境清靜，兩間房子，男女同学各佔一间，惟女同学寝室潮湿漏雨

這里人事比較單純，鄉長常居鄉公所，事務接洽方便，当地有几位知識青年，对工作非常热心，近几天常來帮忙，工作進展得力不少，一般說來，我們和地方人士相處甚融洽

（三）伙食——生命的要素

1. 每人每月以兩斗米為標準，平時吃素，趕場天打牙祭，物價見附表。

2. 場小，購物难，且以米作交易，頗不便

华西实验区江津蛆柑防治队第四分队工作报告书　9-1-204（139）

88

3、一位男工做飯，衣服自己洗，飲水不潔，現已設法購置沙缸中，用具極蹩扭

(四)健康——力的源泉

大部份隊員都遵賈大夫所囑，隔几日吃一顆奎寧，以預防瘧疾，隊員全都很健康，且食量大增，均以每餐三碗為最低標準

(五)娛樂——身心愉快，工作起勁

对於娛乐方面，我们這一隊最平凡了，既缺乏娛乐的修養，又没有濃厚的興趣，唯一的娛乐就是晚飯後在门口唱唱歌，六七部大合唱，别有一番風味，还有一把二胡，有几位爱好的隊員，也常常抽空殺雞殺鴨的拉一陣

70

（六）檢討就是力量——檢討会從六时半開始，總至已十一时才完，但每人情緒都很好，常々為一個問題爭得面紅耳赤，过後又笑開了。

內容——

1. 當日工作檢討

A. 互相报告当天工作情形

B. 檢討工作得失與個人態度上、說話上所犯的錯誤

C. 提出問題，解決問題（工作上的困難，果農意見）

2. 預定明日工作，分配工作。

（七）隊員素描：

1. 王領隊：吉巴先生，能吃苦，工作很賣力，整天是一本領隊、本

华西实验区江津蛆柑防治队第四分队工作报告书　9-1-204（141）

89

本輔座」的过官癮，無事也哼哼歌，好像和尚唸經一樣。

2、郭革文隊長：又名Dong bar，郭大妹，能力強，做事周密，有計劃，惟說話稍嫌嚕嗦，是我们隊里出色的女高音

3、伙食团長刘胖娃：办伙食任劳任怨，最有犧牲精神，飯少時，他總先下席，飯多怕坏又總是後離桌，是個好心人，有矣隨伊扯」

4. 煙雜雜罗文龙：身体坏，一付排骨，但跑路爬山并不落後，字写一手好字，不愛說話，也是我们的伙食老搬闆。

5. 小胖、皮球：本隊的秘書長，吃得苦，走得路，善於和鄉村婦女擺龍门陣，除了和我们一道出去跑以外，她还得搞有关本隊一切文件。

6. 家婆宗衍祥：標本司司長，对工作認真，踏实，最吃得苦，出外

69

調查时総是臂掛毒瓶，手拿捕虫網，滿載而归，统计：所採植物标本十种以上，西大小昆虫一百五十餘隻，会做菜、麻雞胡豆其味無窮。

7. 韞韞，吳师韞：下鄉後已習慣了戴草帽、穿草鞋，对吃苦最有敢性，一天访问，脚烱了还硬拖几十里。

8. 婁大夫圭：是本隊最不幸的一位隊員，来去匆匆，日前因母病接得電报一分，已離此返家，如今咱們新生隊只剩下の仏茶仅，两仏大姑娘了。

华西实验区江津蛆柑防治队第四分队工作报告书 9-1-204（143）

90

三、我們發現的技術困難及听見的果農意見

（一）技術困難

1. 煤煙病如何普遍的防治

2. 黄虫如何防治？現象——黄色小壳虫，吃甜橙樹叶，使果樹不实。

3. 設置殺虫站问題：

A. 本乡幅員大，果樹多，是否可以多設殺虫站？多配給葯。

B. 設殺虫站人工、經費是否由果農平均負担？

4. 红橘、枳壳亦發現果蝇為害，如何防治？

5. 抵當租佃问題：

A. 抵當：

68

①只當果園而未當田地，如此情形，佃户霸踞果園，而承當人又不在本乡或本地。

②果林農将自己附近果園當出，即不負殺除責任，而承當人又不在

B、租佃：佃農租佃地主田地，而果園利益实归地主，於此佃農既無能力負担殺虫工作（無利益可得）則远在他鄉之地主於何處理之

6、樹少（而）貧窮者，不願摘除蛆柑，任其自生自滅。

7、摘除蛆柑时之人力问題。

8、遇有砍樹者，除力劝而外，怎办？

91

9. 选示範果園时，不能尽如理想，如本鄉在距離方面即無其他果園偏離之果園。

10. 一般中小果農对我們不信任，且誤估我們為中共調查準備清算，此对工作影响甚大。

11. 調查表太繁鎖，調查时如遭闲内美，且頗費时日，我們分得七百份表，以每組每天完成三分計，亦須二月半的日期始能完成，如何办？

（二）果農意見：兹将所听到的，及果農建設的意見集如后併如下：

1. 成立甜橙病虫害防治永久机構

2. 中、大果柑農主張以一至二年為犧牲，將青皮、廣柑全數摘下用药殺

67

除。

3、希望我们用贱价收买，（有家果农舍不得摘除）全乡青皮甜橙，意即花偌大一笔钱来防治，不如将这笔费用移作收买蛆柑，使果农自愿摘除。

4、历年摘除无效，断定我们工作不会彻底，故无心摘了。

5、普遍防治不会收效，不如选几家果园单作，依据防疫面优别的果农感动。

6、用贷款的方法，先施惠果农以便利进行

7、天然发酵法，使蛆柑绝灭且不耗费。

华西实验区江津蛆柑防治队第四分队工作报告书　9-1-204（147）

72

四、經費收支及物品領用情形

関於我們這一隊的經費收支的詳细情形，及物品領用的实际情况，請看下面二表——

1. 第四分隊經費收支表（附后）

2. 第四分隊物品領用情形概畧表（附后）——

66

最後·我們的希望和建議

(一)在農村廿几天的实际工作中，我們接觸到多少的問題，感到自己所知道的東西太少，尤其在農學常識方面更是拮据，因此我們希望總部編印一果樹病虫害防治手冊，及儲藏方法等之說明刊物，以地方性的土法，加以改善，作為普遍的应用。

(二)希望擬訂一蛆柑防治組織章程與公約，以作各鄉組織果農的參考

(三)調查表不适合我國農村实际情況，調查起来困難多多，且不易精確，盼重新改慮牠的價值，并希望加以改善，最好刪除，農業概況一部項

华西实验区江津蛆柑防治队第四分队工作报告书 9-1-204（149）

青泊鄉甜橙株數及蛆柑成份表

保名	甜橙株數	蛆柑所佔之百分數											備註
		5	10	20	30	40	50	60	70	80	90	100	
第一保	3225		210	685	550	510	970	150	100		50		
第二保	2972	257	240	423	390	672	690		235	65			
第三保	6830	531	613	820	1583	1228	1302	650				103	
第四保	3982	180	152	827	783	928	602	315	95		55	45	
第五保	4492	155	551	552	805	438	657	402	290	560	82		
第八保	4338	162	895	908	535	845	625	149	170	38	11		
第九保	8925	667	1580	1208	3151	1325	850	66	65			13	
第十二保	897	24	129	135	160		240	83		55	50	21	
第十三保	716	22	50	98	112	165	170		49	15		35	
總計	36377	1998	4420	5656	8069	6066	6151	1815	1004	733	248	217	

蛆柑防治隊第四分隊 製

93

94

青治鄉蛆柑成份比較表

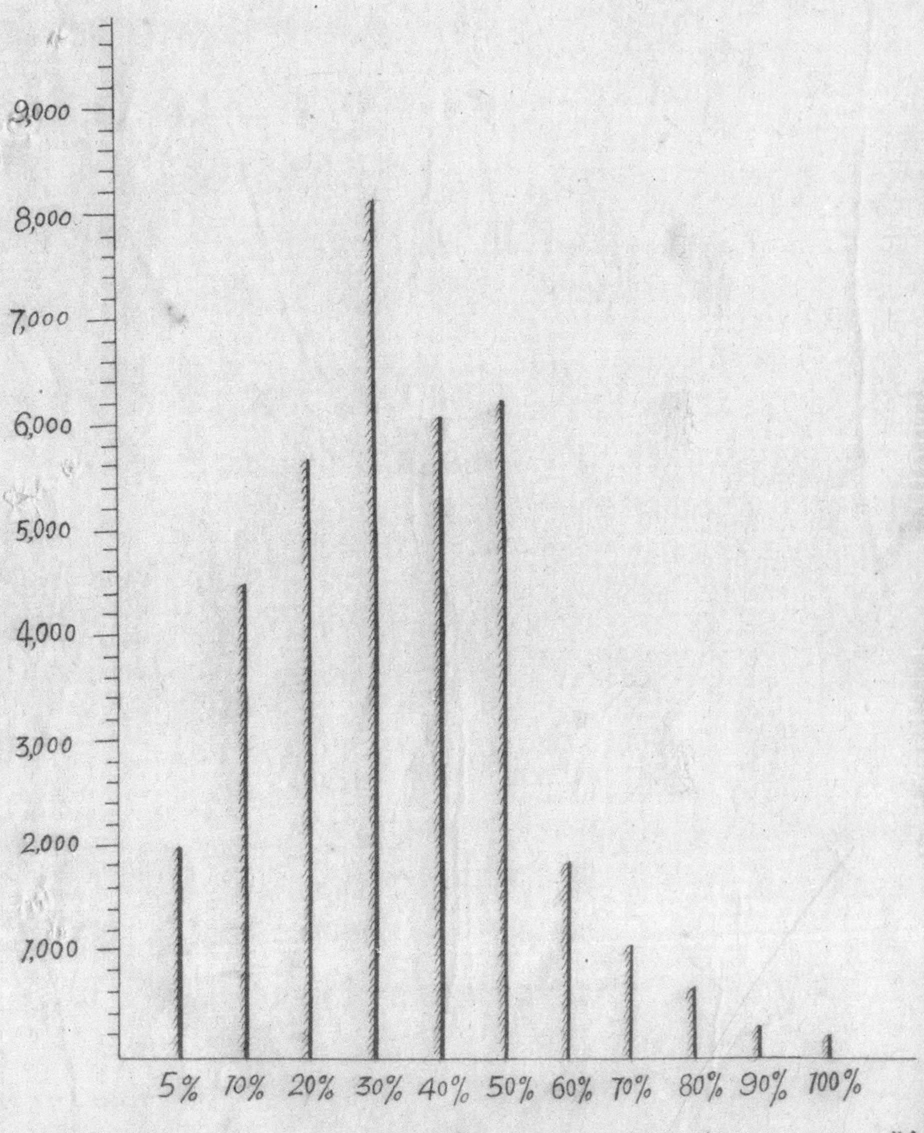

蛆柑防治隊第四分隊 製

38.8.10,

华西实验区江津西湖乡甜橙果实蝇防治队工作报告　9-1-254（199）

171　132

工作報告内容

(一)本鄉甜橙概况及果實蛆為害情形
(二)地方環境現狀
(三)工作經过
(四)果農反應及意見
(五)工作上的困難
(六)建議事項
(七)将来計劃
(八)經費收支及物品領用
(九)附件

（一）西湖場甜橙分佈概況及果蠅為害情形

西湖場位於綦江河南岸，直轄五保，其中一保位於江之岸，時青泊鄉第六保，產甜橙甚多，茲將甜橙概況略述於下：

A、分佈　本區地勢沿河低平，離河二里即屬山地，沿河四里之內，廣植柑橘，培甚多，近山脚下，甜橙漸少而品質遜欠佳，山上更少，有亦不出三四株，且極分散。

B、数量　果農六保，共三百一十家，成年樹約一萬一千七百餘株，其中果園最大者為八百餘株，四百、三百株者少數，以四五十株及十餘株者最多。

C、品種由來　本地栽培之甜橙，多為本地種，亦有從農[illegible]

D、病蟲害及其防治法

甜橙除果實蠅之為害外、尚有①天牛幼蟲、將近百分之八十的樹子、都有老母蟲蛀蝕、如不延請打蟲匠、從蛀孔除救、將來必將全部枯死、②吉丁蟲蛀蝕樹皮、為害頗大、（約有百分之七十的樹皮均有）、但也不能忽視、果農防治法、多將其受害部分果皮剝去、③煤煙病、此病常見於果園中、為害不甚嚴重、然果農素無辦法、④黃蜘蛛、為害雖不嚴重、但如不及早防治、易將引起大大患、果農中有以半石灰半硫黃混合液、洒於被害處即可防治。

果實蠅為害情形甚重、以沿綦河兩岸者最烈、每年危害率將近百分之八十、近之果園稍輕、約在百分之二十以上、果農過去以之將蛆柑置坑內、用石灰掩殺之、故收效少、又地因

华西实验区江津西湖乡甜橙果实蝇防治队工作报告 9-1-254（201）

134

農過去以就將蛆柑置坑內，以石灰掩殺之，收效甚少。山地因栽置者易於疏忽，每有蛆柑常被小孩摘食，故危害情形不及平地重，但因老百姓多不在乎廣柑的收入，僅致達到自己能吃的目的而已，所以不易接受別人對廣柑被害的解釋及防治法，因此工作仍不易做澈底，還有待我們的更大努力。

华西实验区江津西湖乡甜橙果实蝇防治队工作报告　9-1-254（202）

135

（二）地方環境現狀

本鄉位於綦江南岸，西依青泊，東北靠寶鼎，東屏龍山，南有黃坨，位於鐵路之畔，交通方便，商務發達，全鄉共分五保，為綦江河沿岸甜柑有名產盛地。

本鄉仍有新舊派之別，鄉長雖屬新派人物，但以自己亦事能力不夠，認識不清，以致鄉务均由舊派人士操持，舊派之中更以上誠社鄭大爺最熱心於我們的工作，開會及公開宣傳，徵借他的地方很多，全鄉五保及青泊劃過來的一保共六保，各保中以十

174

二保的甘保長、十一保李保長對工作極外熱心，本
地智識青年自動參加我們這個工作者也不少。
本場園戶共有二九七戶，一般來說住在高山上的多，
且果木均很少，在百株以上僅十餘戶，最多為五顆
到二十株之間，且多為貧農，智識水準不高，且與
其無太大的利害關係，故一般的街头宣傳、標語、
壁報，均不易使其發生太大的作用。
本場果農十分散漫，不易團結起來，我們上
用廣柑生產促進會名义向大家作口頭及文字
上的宣傳，務能預期完成，對村會場會縣的
果農均有無窮的補益。

华西实验区江津西湖乡甜橙果实蝇防治队工作报告 9-1-254（203）

175 136

三、工作经过

该队先遣组于七月十二日抵此，即开始办理住食及对地方行政人员、士绅作简单工作介绍，并接谈许多必要的事情。全队于七月廿日抵此，当即展开全面工作，兹将其经过情形分述如下：

1.划定工作地区，并分配各区负责人员：

本场原属黄坨乡的部份，行政上均统一指挥，但以其天然地形、地势及各种经济条件，自然的形一种特殊界限，我们工作的对象以西湖五保及青木一保盛产蛆柑区域为主、其次为黄坨十保的果农如有广柑、柑有受蛆害者仍当前来登记。以所处位于高地，广柑的出产有限，蛆柑的情六保共青为第三区、十一、……保为第二区、十三保为六区、十四保为第四区。此外青川第六保为第五区。顺次由黄兴静、傅远鈗负责第一区、刘以德、邹淑慎负责第二区、刘恩明、黄清会负责第三区、黄阵鸣、周如敏负责第四区、第五区以事务才划过来，暂由会队共同负责、

(二)与地方士绅及保甲联络

袁乡长忙于事故、对本工作不大热心、前后共与谈话五次、其均未有力的协助、故宣传方面主要的对象为地方士绅、保甲长及果农

(三)开始普遍一般的口头宣传：

最先宣传的地点仅限于街，以后慢慢伸到四乡

176 13)

(1) 召开乡务扩大会议

除参议员、乡长外，参加开会的有水园领袖、地方士绅、保民代表、保长等，对大家介绍下列九点：

(a) 总括的介绍

(A) 我们是怎么来的　(B) 为甚么要来

(C) 我们来干甚么　(D) 有望于地方当局者

(b) 四川广柑之特点

(c) 果蝇的生活史及其防治的方法

(d) 示范果园之内容、广柑生产促进会及广柑储藏、运销合作社成立之必要。

此会者均极一致，到地先后发言，情绪甚佳。

五、保会集各园户开座谈会

主要的目的在使各园户能深刻明瞭我们工作的

心、同时得到他们许多的宝贵经验、

六、乡保作初步调查：
全队人同时出动，对本场地形、地势、交通情形、果园位置作初步简单的调查，每次调查时均由保甲长及热心公益的地方人士、青年朋友领导。

（七）乡保作果园位置、大小、交通情形、热心程度等项的详细调查，并作口头宣传，这阶段工作最花时间，每保约五十户，至少两人要工作两天到三天才能完成，是本队工作最艰苦的过程

（八）街头宣传、

177 138

(a) 標語：在街上及交通要道之處張貼各種大小不同的標語，宣傳柑桔為害大眾的嚴重情形，使大家明白自己的權利與義務，共同組織起來完成這件偉大創造性的工作

(b) 壁報：每隔十天出壁報一張，列為柑桔防治專刊，內容與(a)同

(c) 圖畫：繪製一批柑桔圖及果蠅生活史，釘在街上各館內供給一般果農參觀，並詳加解釋

(d) 標本陳列：捉了許多種雌雄不同的果蠅及天牛成虫、幼虫、白粉蝶、黄蚊……等給果農們參觀，並詳加解釋

2）日期

华西实验区江津西湖乡甜橙果实蝇防治队工作报告　9-1-254（205）

十五、聯絡環園畫界，並詳加解釋

十六、選定示範果園：

選定示範果園三處，一俟正式的條規簽下後即可照其發訂合同。

十七、各園檢討會

每七天各園一次，遇特別事故時得臨時召集二部座談會，作專題的討論。

十八、發動組織全鄉廣柑生產促進會

因為街頭宣傳的結果，已有三分之一的果農能充分明了其中的利益關係，但缺乏領袖人才，或有領袖人才甘於不顧不願熱心扶助這工作，且有三分之二的果農對這件工作均不熱心，主要的一方面宣傳沒有達到他們家，一方面自己樹子很少，所得其他經營不起勁的關係。

178

131

故今后宣传的对象，应当特别着重于下层情况作重点个别的拜访，使大家都能动员起来。由这种方式所组织成功的促进会才有充真正的意义跟存在的价值。

十二）集体拜访，观摩、实习、五确个队的工作情形并交换工作经验及心得

十三）开工作总检讨会
检讨八月十一日以前工作的缺点

十四）拟定工作报告、

(六) 果農反應及意見

甜橙果實蠅防治工作，已經展開差不多一個月了，我們在這個時間裡工作，全体隊員盡了最大的努力，採用各種方式來宣傳我們的工作，和介紹我們工作的內容，據這次果園位置調查，就可知道一般果農們的反應了，就是對於我們這個工作非常平淡，大体講來，大果農反應好些，小果農反應要壞些，因為他們的眼睛，都完全着重在自己的利益上。

其次說到他們的意見，我們知道，人總常常為自己的利益着想的，因此他們表示的意見也是如此，大果農為了收益大，因

华西实验区江津西湖乡甜橙果实蝇防治队工作报告 9-1-254（207）

体果農很未合作，故

做好，必須用政治的力量，強迫小果農一齊作，這也是他們稍為大的果農一致要求的。

183 141

（五）工作中遇到的困難

我們在這裡來工作，差不多有一個月了，我们在工作裡所遇到的困難，大体講來有下列幾方面：

a. 開會难：因為大多數的人，尤其是鄉裡面的人，無論做甚麽事情，從沒有養成守時的習慣，譬如要召集一個會議吧：在通知上明明寫着某日某時開會，至少正式開會的時間，要超過原訂時間一二点鍾，這不但鄉裡開會有此種情形，其他的會議也差不多一樣的有這種情形。

b. 了解难：因為鄉間一般文化水準低，对於很多极其平凡的事情，都不容易了解，我们对於這個果实蝇防治的工作，雖然尽了我们的力量去解釋給他们听，但他們總是不了解，以為[illegible]

的原因、二、因此以後大方来作這個工作、常常採取不關心的態度。

c. 無地方領袖難：姑論作甚麽事情、若要得到圓满的结果、無疑的是要靠群策群力、同時更重要的、还要靠賢明的領導人才、否則不會發揮效力的、因此在一個地方上来説、雖然老百姓很多、但沒有人来領導他們、組織他們、是不會發生力量的、所以我們這次来作這個果实蠅防治的工作、得不到地方上領袖人士的幫忙、不但不能成功、反而工作都不能展開、同時這個稍有領導才能的人、他是否能代表一般的農民、那就成問題了、譬如本鄉的鄉長他对於我們工作简直莫不相關等

d. 調查難：關於調查困難的問題、大体講来、是文化水準太

142

低，对於調查的意義和目的，他們根本沒有了解，同時也由於這几年来老百姓受盡了政府苛捐雜税的痛苦，因此一提到調查，他們以為就要根据這調查，来抽他們的税，所以我們這次去調查廣柑的位置及其分佈的狀況或株數，他們總不肯說老实話，同時我們中國人有一個大的缺点，就是对於數目字不留心，無論甚麽事情，總是覺得差不多就完了，這次我們調查，當我們問他們自己廣柑樹有多少時，他們總是不能肯定的答出来，因此对於我們這個調查工作就不能做得澈底了。

乙、農忙期中推進工作難：如果要在農人事忙的時候，要去推進一項工作是極困難的，因為[illegible]

他們馬上就解决。所以在這個時候來進行其他的工作是有困難的

六、組織難：因為鄉裡面的人沒有多少的知識，所以作起事來總是把自私自利的情形表現得隔外的明顯，一点不明大義，因此要他們自己組織起來，作一件大家有利的事情，通常是不可能的，雖然我們這個果實蠅的防治工作，如果大家能起來組織一個合作的機構，是非常好的，可是本鄉到現在他們還沒有這種舉動。

181

六、建設事項

1. 增加隊員人數：

本鄉共有隊員六人、隊長一人、總隊一人，然工作範圍除西湖五保外，黃坑兩十保，青泊鄉一保均屬於工作範圍之內，將來總隊需間緣、黃瑋鳴隊員又將擔任總隊攝影工作，實際的工作人員只有六人，對於此大的範圍可能勝任不了，故請增加隊員二人。

2. 不收摘青：

摘青的害處：(1) 摘青的人，多半將摘下來的廣柑切開曬乾充枳殼賣，這可說是摘偏欺騙為不道德的行為。(2) 廣柑摘充以後，果蛀形將對

143

其优點—高紙—也有如節省人工及肥料，但均不是必然的條件，故不立即將青的廣柑完全摘下。

（六）農閒龍山鄉甜橙果實蠅的防治工作，龍山鄉蔡賀嗣有三保有甜柑發，蔡西明及王福也有同樣情形發生，如不即時農閒教育工作，將來仍將蔓延到其他地方來，且龍山鄉鄉長及許多青年智識份子對這件事情均十分熱心，如能有人主持指導，很容易發揮他們的力量。

（七）增加教育站

本場一共只有五個教育站，如照此數目實

华西实验区江津西湖乡甜橙果实蝇防治队工作报告 9-1-254（211）

183

不够分配，有時一區就有十五里長，少亦五里寬，只僱請一個耘步站，實在不敷應用，故請將設置耘步站的數目加多，每鄉以二十个為原則，如此對以後工作的展開，方能順利完成。

五、增加藥品數量：

原來準備分發本鄉的五〇〇斤滴滴涕，恐不敷應用，五〇〇斤藥品只能加五〇〇〇斤水，五十挑水就够了，五十挑水最多只能分配到三個坑子栽，不敷甚劇，希速設法增加。

（六）舉辦肥料貸款：

本鄉持有少數果樹的貧農居多，他們皆需

肥料如磷、钾之類，如能举出磷、钾肥的貸款，村農已有很大的好處。

七、必須發給氟化鈉的使用器材

氟化鈉的揮發力特別大，必有一定的容器才能使用這种有毒的殺虫藥劑。

八、作其他柑橘植物病虫害防治工作

如捲葉病、日斑病、蚜虫、白粉蝶、剝皮虫等亦當展開殺虫工作

九、柑橘產區農場概況調查表調查工作的宣傳綱要，如何填法，能有明瞭的指示

因為我們作的是蛆柑防治工作，似乎與該調查表沒有太大密切的關係，如果

华西实验区江津西湖乡甜橙果实蝇防治队工作报告 9-1-254（212）

沒有明確的目的，為宣傳的方針，不但對本身的工作沒有好處，反而引起許多懷疑，增加工作的困難。

表中有許多地方填法有些並不清楚，希望總隊部方面能明確的指示。

此外總隊與分隊間的聯繫，根據以往的經驗，這種聯繫不夠，以致分隊有依照自己斟酌的計劃，自行發展，能力強的發展得太過，能力弱的，根本就沒有甚麼表現，這種責任，多半要由總隊隊部來負。

十）總隊部工作事應有嚴格的計劃，真正的執

[illegible]

鄉公所並督飭公告，其内容包括下列九點：

(2)全鄉鄉民均得與甜橙防治隊合作撲滅果實蠅的幼虫

(3)若有不及時遵照防治隊規定集体摘甜橙者，除將其樹木砍伐外，並給予處罰

(4)對以上規定由全鄉鄉長、保甲長嚴格執行

186

145

（七）将来计划：

1. 在第二次调查前加强宣传工作

(1) 標語

(2) 壁報

(3) 資料展覽

(4) 漫畫

(5) 告果农書

(6) 街頭宣传

(7) 茶館内个别宣传

2. 加强联络工作

1) 对乡部長

[illegible]个[illegible]作为手訪方式說服鄉長

b. 用政治力量督促鄉長

c. 私下请托地方人士代为说服鄉長

(2) 对於士绅

a. 集体或个别拜访

b. 在茶館内与之联络与攀谈

c. 请积极领導鄉人協助我们工作

d. 请别的热心人士说服冷淡的士绅或[illegible]

(3) 对於青年朋友

a. 吃茶时主动的与他们交谈与联络

b. 必要时作个别拜访

146

187

C. 请他鄉鄉本鄉热心青年介绍本鄉青年朋友

D. 利用暇时打球游泳等方式联络

(4) 对於果農

a. 赶场期与果農作个别宣传

b. 第二次调查时，配合宣传工作。

C. 作個别訪问，内容为：

① 用氣化鉆殺虫

② 婦嬰和普通衛生常识的告知

③ 经常与每果農取得密切联繫、

(5) 邀请鄉保長地方士绅及果農交換工作上的意见和商讨组织合作社的筹備事宜、

[illegible]要[illegible]是否[illegible]

3. 研討調查技術與方式及填表法、

4. 分組調查——兩人或四人一小組。

5. 選定示範果園三處。

6. 召開全保果農大會，組織合作機構、

7. 召開全鄉果農大會，組織全鄉合作機構

8. 開總檢會

9. 個別訪問與宣傳

10. 示範摘果

11. 分組負責與摘果、殺蛆，必要時得往民家、

12. 和執行機構共同澈底執行公約。

13. 各小組須有工作記載

14. 總檢討會、

华西实验区江津西湖乡甜橙果实蝇防治队工作报告　9-1-254（226）

第五分隊醫药報鎖

198

157

第五分隊醫藥報銷表：

1. 蛋白液　5.CC.
2. 蘇打片　25粒
3. 消炎片　5粒
4. 甘草片　20粒
5. 奎寧丸　30粒（尚餘二十粒）
6. 碘酒　一瓶
7. 阿斯匹林　二包
8. 消炎粉　半包

185　144

附件：

(一)果农名册

(二)西湖场果园位置、大小分佈圖（附青泊鄉第大保）

(三)宣传资料

(1)標語内容

(2)壁報

(3)漫畫

(4)街頭宣傳記实

(5)標本

(四)生活素描

(五)工作心得及雜感、

188 147

街頭宣傳紀實之一

八月三號，康廷方同學來到我們西湖鄉，同時劉思明同學也從賈嗣鄉回來了，順便帶來了一些宣傳的資料，如甜橙果實蠅生活史圖及壁報的刊頭等，這對本隊的宣傳工作加了油，使它順利的展開。

四號一大清早，吃了早飯，便分別到街上去進行宣傳工作，因為當天是逢場天，藉此機會介紹我們的工作，我們幾個一面貼標語，同時一面又有人在後面逐條的解釋，最有趣味的，是每逢貼上一張標語的時候，老百姓便圍攏來了，像看西洋鏡似的，他們之中，有的當然是果樹農，也有的是與我們工作不相干的人。

[illegible]
工作非常热心、有的不但不热心、反而在旁边說風涼話、他们除
蛆柑的有嗓子用哟！可是大体講来、一般反應都很平淡。
标语贴好了、大约在十一点钟左右、我们住在特约茶館裡擺起
龍門陣来、因為康廷方同学、曾在青泊鄉、看到過以賣狗皮
膏藥的形式、在街頭奔行宣傳、很收效果、同時他对於这项工作
又非常热心、因此把果实蝇的生活史图掛好後、他便站在茶桌上宣
傳起来了、他說話時、所用的辞句非常好、用的是大家語、個個老
百姓走到他的面前、莫不洗耳靜聽、好像入了神似的、不一會
街上擠了一大堆、这個時候、他的嗓子也特别加大了、越說越起勁似

华西实验区江津西湖乡甜橙果实蝇防治队工作报告　9-1-254（217）

189　145

的，恨不得把心裡所想說的話都要告訴他們，可是他說話的時間太長了，到後來真是說得口乾舌燥，直到他不能說話時，他才慢慢地下了桌子。

隨即黃肅會同學便上台講演了，他的鼻樑上架着一付眼鏡，說話時幾是兩個眼睛睜得大大的，像有些緊張的樣子，據他說，在這樣的場合裡說話，確實是初次，所以他的表情，和他所用的辭句，都不能適合這種場面，可是聽的人，還是一樣的多，甚至多了一些，因為老百姓擠在一團，街頭也被堵塞了，正在黃同學講得津津有味，老百姓聽得點頭的時候，對面茶館的茶

华西实验区江津西湖乡甜橙果实蝇防治队工作报告　9-1-254（217）

怨言来了，他說：唉！你们宣傳的，还是注意到我们一下，待上着被你们堵塞了的。這個人說話的時候，態度非常不快，幸好黃同學以委婉的話对他說：唉！对不起！对不起，請你们原諒的。同時也請听的老百姓，叫他们讓一下子，把交通的路讓出来，這樣才把這個風波平靜下来，同時也因此把宣傳的勁敷了一下，因為這樣的宣傳，會妨害人家的，所以不久便把這個工作結束。

在街頭做這些工作，時間好像过得特别快似的，一下子又是午后兩点半鐘了，本隊的隊员们，便藉此休息的機會，彼此閒談，或則碰着机會又與老百姓談話，或則上街買一点零用的東西。在今天這個場合，最使人注意的，当然是站在高高的櫈子上宣傳，其次

190

147

最惹人注目的便是我們這批工作同志，所謂知識份子，不能勞苦
在街搬運笨重的東西，如像抬門板呀！抬米呀！……簡直與
力無異，這些恐怕使一般資產階級有異樣的感覺吧！
在太陽落西的時候，我們八個大漢，帶着滿身的汗賊，和
快的心情，一路談談笑笑，一點沒有倦意似的回到羅賴盤埡

华西实验区江津西湖乡甜橙果实蝇防治队工作报告　9-1-254（223）

1985　154

生活素描

羅盤垭——我们居住的所在，乡下人响往着的天堂，對生活在山地的第二区同志们说来，这裡恐怕更是不可多得的好地方。寬大、恬靜、使我们常有一种置身世外之感，黄昏時，七八個大漢拖着疲倦的身子，從整天对抗着太陽作果農個别拜訪、解說的工作中解放了出来之後，罗盤垭对於我们就特别有一种感召力，它催促我们趕快回去，儲蓄好了精力以便迎接第二天的工作。

所短的应了一声，[illegible]

向，晚上又热得睡不着觉，所以，除去精神好得有点反常了的"肉兜"外，大家对早上这凉爽的片刻是相当珍惜的，吃早饭便常常在七点钟了，然後两人一小组分头去发，带着乾粮，顶起草帽，又开始与烈日和几千年来传统的封建思想作整日的鬥争。

平常我们的工作地点是乡间各个农家里，趕场天又将办公室搬到场上，茶館、街头、墙壁，每一处都是我们工作的好地方，晚上或在室内工作时，大家又紧紧地團圍在一張大円桌上整理各人得到的资料，在静默中只要传去轻轻的一声"沙"，這何的水呼：："綦江河水清又清：："，接着大伙儿的歌声便会从这嚴肅的空气中擴散開来。

"检討会"在本隊说来多少有一点与别处不同的地方，原则上我们是一週一次，也和其他分隊一樣，我们的目的是在检討過去和計劃將来，会中，团体与個人在工作及生活上所犯的錯誤被提出糾正了，下週的工作在这個会中也得到了一個比較詳尽的安排。

從開始工作到現在，我们没有接到过一張報紙，初来的十天内，我们天天都熱望着在工作完畢回来時能見到一個從真

作增设康乐组等调剂生活，作为适应环境的工作方法
曾高声歌唱過："半個月亮"已是好久都没有爬上来了，倒是碧綠的綦江河水给了游泳的健兒们很多大顯身手的好机会。

居住在一個大观園似的屋子裡，自然有其舒適的地方，但要叫一群在学校内野惯了的孩子突然装起大人像，的確是相当憋扭的事；住处離墟場上太遠更使我们的工作感到很多不便，除了趕墟天或在果農家裡能和当地人们接觸外，我们自己住的地方就根本没有本地人民来光顧过。

為了生活上的孤陋寡聞，因此，我们对於客人，尤其是本

华西实验区江津西湖乡甜橙果实蝇防治队工作报告 9-1-254（225）

院的先生、同学们的光临便特别感到亲切和愉快，近来真是："宾客临门喜气多"，东边去了西边来，总队部的先生、青泊、仁沱、费嗣及各处的朋友，他们除了给我们带来了欢笑而外更带来了新鲜的消息和宝贵的经验。十号我们也到费嗣五福观摩过，从那里我们更得到不少的教训和启示，但愿我们之间的经验能互相增长，彼此在工作与学习上拉紧手来。

.156

191

华西实验区江津西湖乡甜橙果实蝇防治队工作报告　9-1-254（225）

华西实验区江津西湖乡甜橙果实蝇防治队工作报告 9-1-254（219）

150 191

工作的心得與雜感

一件事業的興辦是極需事前的準備與籌劃，而這次江津蛆柑防治工作的展開前之準備工夫却相當不够，因之每個分隊工作起来常常會遇到許多問題與困難，好在此次下鄉的同仁，無不抱着滿腔熱忱，決心向老百姓學習，為老百姓服務，即是處處碰壁和遭受冷淡，仍然覺得這工作有它本身的價值，仍會覺得我們在工作中得到不少東西：

廿九號我們全隊來到西湖場，卅號的大就正式與地方上的有聲望的人接頭，士紳反应平淡，鄉長根本就不理，為了工作的推動，[illegible]

使我们通过保甲長的陪同，在每個果農作詳细的個别访问与宣傳。在我们個别访问时，我们知道一般人對我们的工作怀疑，对我们這些人不信任，無論怎麼解釋，他们仍不肯相信。

上面的事实告诉了我们：行政員责人冷淡，地方人士不热心，果農反應不好，我们若数作几次宣傳与访问，就要他们自動摘果是極困難的。我们必须用集体拜访、个别访问的方式说服地方紳士及鄉長，用政治的力量督促鄉長，要他由冷淡而热心，再加強宣傳工作，喚醒果農，從而到達組織的目的。

过去，我们对地方人士的联络工作不够，宣傳工作亟须加強，

193

152

這是我們工作上忽略了的一点。

第二、一件事情只要不太妨礙人，我們可以不必拿就一味遷從别人的意見，致使工作無法推動。

当我們和各保長約定開保務会议會期时，我們全遵從保長意見，任他們約定日子，結果五保保民会议竟開了半月，以致訪問工作無法推行與展開。

第三、沒有計劃的工作，效率較低，一定要有計劃的有安排的工作，而這次下鄉工作，總隊既無詳密的計劃，本隊亦对工作週密的安排，因之工作推動常感緩慢与無序。

第四、留我们下鄉常在星乙[illegible]不去手均、我们与語言不通

俗承大众化，名詞多，老百姓叫不慣，在生[illegible]

及不一致，因而鄉下老百姓常把我们当着洋鬼子或可怕的下江人。若要工作順利達成，必定要向老百姓學習通俗的話語，了解他们的生活習慣，風土人情，而他们覺得沒有兩樣，讓他们相信我们，欢喜我们，讓他们明白我们的一切。

第五、老百姓成年受到压榨而欺侮，他们需要同情而帮助，假若他们知道我们是真来帮忙他们，明白我们同情他们的苦痛，他们对我们的怀疑会慢慢消失，而对我们发生好感。

第六、御進工作是不能操之过急的，必须一步一步的幹，脚踏实地的作，越过一步就会使整个工作不澈底，我们這次的

华西实验区江津西湖乡甜橙果实蝇防治队工作报告　9-1-254（222）

工作雖較緩慢，但我們是較踏實的，如每保的初次訪問，我們至少也花了三四天，願我們今後的工作態度，永遠是正直而踏實的，決不求速，決不作表面工作。

第七、本鄉的大果園户雖比較小果園户少，若用大果園户的力量來控制小園户，尤其兩三株的人家是不行的，也是不澈底的，若要每個果農自發自動的摘果殺蛆，對上層人物的文字宣传及联络当然極其重要，但对小園户的说服、劝導工作都更重要。

第八、蛆柑的殺滅工作不是几个人能作好的，必須藉重地方努力，及各[illegible]宣[illegible]完，且[illegible]果由农[illegible]工作是

华西实验区江津西湖乡甜橙果实蝇防治队工作报告　9-1-254（222）

遲早要作的工作，否则我们無法強迫对摘蛆柑工作冷淡的人，無法澈底完成我们的任務，

第九、一批摘蛆柑的青年學生突然来到鄉裏，当然会引起人们的注意和批评，較頑固無知的人認為我们来要為摘橘，稍有知識的人認為我们這群年青小伙子做不出什么来，只不过来吵々闹々。最糟的是对女隊员的看法，他们瞧不起女同学，他们嚴厉的批评和非難女隊员。对於鄉人们這些看法和觀念，我们应如何的清除呢？我们应在工作中提高自己充实自己，改正自己，争取鄉人的信任，建立自己的威信。

华西实验区甜橙果实蝇防治队仁沱乡果园位置调查表　9-1-254（227）

200

…鄉區甜橙果實蠅防治隊

…調查表

158 調查人

日

對此項工作之態度				果園距鄉鎮里數	交通工具			往返需時	備註
熱心	平淡	不熱心	反對		小船	小路	大路		
	1			1			1	30分	
1				1			1	30分	
	1			1			1	30分	
		1		1			1	30分	
	1			1			1	30分	
1				2			1	40分	
1				2			1	40分	
1				1			1	20分	
				1			1	30分	
1				2			1	40分	
	1			2			1	50分	
1				2			1	40分	
	1			2.5			1	1小時	
	1			3			1	1小時	
1				3.5			1	1.10'	
	1			3.5			1	1.10'	
	1			4			1	1.30'	
	1			4				1.30'	
	1			4				1.30'	
	1			4				1.30'	

华西实验区甜橙果实蝇防治队仁沱乡果园位置调查表　9-1-254（227）

中華平民教育促進會華

果園位

民國三八年

鄉	保	甲	小地名	園主姓
仁沱	3	1	新龍灣	袁鳴哲
	3	1	吳溪坪	周星平
	3	1	巴東嘴	郑焱超
	3	1	巴東嘴	袁淑
	3	1	吳溪坪	楊銀
	3	3	黄金灣	張廷
	3	3	灯灌垭	陳碧
	3	4	栗子園	袁觐
	3	5	矮石堆	田治
	3	5	肖家灣	陳雪
	3	5	吴家莊	戴子
	3	7	柑子林	袁向
	3	7	大田壁	袁本
	3	8	楊柳溝	鄭焱
	3	8	下　灣	袁璧
	3	8	下　灣	包雨
	3	9	門　上	包錫
	3	9	脊樹灣	吴澤
	3	9	小溝子	刘森
	3	9	石　溝	唐治

华西实验区甜橙果实蝇防治队仁沱乡果园位置调查表 9-1-254（228）

201

驗區甜橙果實蠅防治隊
調查表

151 調查人

日

對此項工作反應				果園距鄉鎮里數	交通工具			往返需時	備註
心	平淡	不熱心	反對		小船	小路	大路		
				4里			1	1.30	
				4			1	1.30	
				4			1	1.30	
				4			1	1.30	
				4			1	1.30	
				3			1	1	
	1			3			1	1	
	1			3			1	1	
				3			1	1	
	1			3			1	1	

华西实验区甜橙果实蝇防治队仁沱乡果园位置调查表　9-1-254（228）

中華平民教育促進會華

果園位

民國三八年

鄉	保	甲	小地名	園主姓
仁沱	3	10	王家湾	袁文江
	3	10	王家湾	袁隆宸
	3	10	王家湾	袁竹泉
	3	10	王家湾	袁树猷
	4	4	晋子满	鍾良臣
	4	6	老九埪	徐金堂
	4	8	土角湾	馬隆氏
	4	9	凉水井	岳隆師
	4	4	學堂	楊紹文
	5	5	青剛嘴	周昆以

华西实验区甜橙果实蝇防治队仁沱乡果园位置调查表 9-1-254（229）

…验区甜橙果实蝇防治队

…调查表

202

160 调查人

日

对此项工作反应				果园距乡镇里数	交通工具			往返需时	备注
热心	平淡	不热心	反对		小船	小路	大路		
1	1			0.5里			1	20分	
	1			0.5里			1	20分	
	1			0.5里			1	20分	
	1			1里			1	30分	
	1			1.5里		1		40分	
	1			5.5里		1		60分	
				4里				50分	
	1			5里				60分	佃自贵大舜
	1			4里				50分	
1				4里				50分	
	1			4里				50分	
	1	1		5里				60分	
1				10里				2时	蛆柑多
	1			10里				2时	
	1			10里				2时	
	1			11里				2时10分	
	1			11里				2时10分	
1				13里				2时半	
1				12里				2时20分	
	1			26里				5时	

华西实验区甜橙果实蝇防治队仁沱乡果园位置调查表　9-1-254（229）

中華平民教育促進會華

果園位

民國三八年

鄉	保	甲	小地名	園主姓
仁沱	6	1	新田溝	張甫[illegible]
	6	1	新田溝	張[illegible]
	6	1	李二溝	張[illegible]
	6	1	核桃灣	鍾[illegible]
	6	2	長坡嶺	黃[illegible]
	6	12	水井坎	彭[illegible]
	6	8	王家灣	鄭[illegible]
	6	12	新屋灣	周昆[illegible]
	7	7	堂屋	馬紹[illegible]
	7	3	李家莊	鍾秉[illegible]
	7	4	老馬田	鍾[illegible]
	7	8	滑头嘴	周紹[illegible]
	8	8	柏林	鍾良[illegible]
	8	1	橋山子	鍾[illegible]
	8	12	楊家灣	馬[illegible]
	9	9	下桃灣	馬[illegible]
	9	9	大南埂	馬[illegible]
	9	9	新桃灣	古[illegible]
	9	10	楊家灣	楊[illegible]
	10	1	三丘田	盧[illegible]

华西实验区甜橙果实蝇防治队仁沱乡果园位置调查表 9-1-254（230）

203

…實驗區甜橙果實蠅防治隊

…調查表

日 161 調查人

對此項工作反應				果園距鄉鎮里數	交通工具			往返需時	備註
熱心	平淡	不熱心	反對		小船	小路	大路		
	1			26				5時	
	1			29				4時50分	
	1			25				〃	
	1			25				〃	
	1			25				〃	
1				25				〃	
1				25				〃	
	1			25				〃	
	1			25				〃	
	1			25				〃	
	1			25				〃	
1				25				〃	
1				25				〃	
	1			25				〃	
	1			25				〃	
1									
1				15				2時50分	

华西实验区甜橙果实蝇防治队仁沱乡果园位置调查表　9-1-254（230）

中華平民教育促進會…

果園位…

民國三八年…

鄉	保	甲	小地名	園主…
	10	1	窯子湾	唐德…
	10	2	土地廟埡	唐德…
	10	2	塘坎上	馬学…
	10	3	金銀湾	唐祖…
	10	3	苦竹林	唐祖…
	10	3	大井廟埡	唐俊…
	10	3	狗獣湾	冉毅…
	10	4	新房子	冉義…
	10	4	大　山	唐祖…
	10	4	巷子堡	唐登…
	10	4	南埡头	冉伯…
	10	5	燕　嘴	楊…
	10	7	大土湾	楊…
	10	6	鋪子灣	李…
	10	6	山頂上	李…
	11	9	桂花湾	林…
	11	9	騎龍穴	賀…

江津甜橙病虫害防治、产销情况报告及发展江津甜橙事业意见残件（一九五〇年六月二十一日） 9-1-145（110）

57

歷以開殺未羽化之蛹，均屬有效。

（二）天牛：在本區為害者，計有星天牛、褐天牛、及小吏天牛。星天牛之幼蟲蛀害樹根，鄉人稱之為老蟲，褐天牛之幼蟲蛀樹幹下部，枝天牛之幼蟲蛀食枝條下部，角天牛之幼蟲蛀食樹葉枝及苗幹下部。

在江津十年以上之果樹，均有星天牛及褐天牛為害之表徵，如個別僅（田見其），大多數果園之果樹根幹已被蛀食，故天牛及苗天牛之為害猶輕。年幼柑橙之為害率為百分之五、六、二，受害程度為百分之一八、四，受害率及程度比早樹年齡之大小有密切之關係（發）樹成正比。

一般之治蟲方法為：鐵線殺成蟲及鉤殺老蟲，前者乃在幼蟲尚未鑽入木質部之前，園戶即請香蟲匠人用鑿子挖出幼蟲，連皮鑿去，後者於春秋二季，請捕香蟲匠人用小鑿鑿於老蟲蛀孔處鑿一小孔，然後用有鉤之細鋼絲向上向下伸達洞中，至

江津甜橙病虫害防治、产销情况报告及发展江津甜橙事业意见残件（一九五〇年六月二十一日） 9-1-145（111）

塞入天牛幼蟲蛀孔內，外用泥土或石灰填補，借其揮發
性之氣体，約經十分鐘後，即可將老、幼虫殺死。
（三）介殼虫：在本地為害最烈者有紅腊介殼虫及黑點
介殼虫兩种，其平垻果樹受害率為百分之六十一，受害
程度為百分之八、三，除永興先鋒兩鄉較輕外，其餘十四
鄉極甚普遍，較重者有高歇、賈嗣、廣興三鄉為甚。

宜在垻區加緊防治。

（四）銹蜘蛛：其為一極小之蜘蛛，形似丸蛛，故名為丸蜘蛛，其
樹嫩葉及果實，如被其侵害後，則皮色發生棕褐色之鐵銹
是以得名，鄉中亦有名為銹瘤虫者，受害之果實，俗稱
麻柑或癩柑。為害情形甚為普遍，平垻為害果樹率
為百分之七、二，為害程度為百分之一、二。以和平、順江、
賈嗣、杜市、廣興四鄉受害較重。
（五）潛葉蛾：此虫為雜食性，為害柑橙幼芽，潛伏於葉之組

江津甜橙病虫害防治、产销情况报告及发展江津甜橙事业意见残件（一九五〇年六月二十一日） 9-1-145（112）

8. 58

織中，蝕害果肉，尤其在幼嫩枝葉受害特多，凡被害之
葉捲縮枯萎，平均其為害果樹率佔百分之三十五，受
害程度為百分之八十二。以杜市、高牙、西湖、高歇、杜市、吳
灘等鄉之受害較重。白沙、實良等不加防治。
（六）其他害蟲：除以上數種害蟲外，尚有象鼻蟲、黃蜘蛛
蟲、金龜蟲、蚜蟲及鳳蝶之為害。平均其受害率為百
分之一一，受害程度為三四，以高歇、高牙、臨江、永興
等鄉之受害較重。
（七）煤病：發生在葉、果枝上，呈煤狀黑色之皮膜，阻塞葉之
氣孔，妨礙葉綠素之作用，在果實上則有損果實外觀，並足
以影響樹勢之衰弱。誘起煤病之原因，係由介殼蟲及因介
殼蟲及蚜蟲等之分泌物，或排泄物黏留於葉枝果上供菌
類之寄生。其在本區之分佈極為廣泛，平均受害率
為百分之三。受害程度為百分之九七。以高歇、吳灘、西
[illegible]

江津甜橙病虫害防治、产销情况报告及发展江津甜橙事业意见残件（一九五〇年六月二十一日） 9-1-145（113）

迅即修剪已被害之枝叶。

（八）疮痂病：初发生于叶片及果实上，发生疣状突起之疮痂，妨碍果树生长，影响果实产量，平均受害率为百分之七、六，受害程度为百分之六、七。

（九）树脂病：发生于果树枝干主枝部份，平均害率为百分之六、七，受害程度为百分之七、二。以高歇、当中二乡受害较重。

（十）青霉病：储藏期果实腐烂，蒂腐病亦系储藏期中常见之病害。

四、加工及储藏情形

（一）加工：当地加工仅果酒一项，系利用储藏期内腐烂之甜橙为材料，系充分利用，纯由出售者……

园艺示范场当利用腐果酿造甜橙果酒……甜橙果酒

江津甜橙病虫害防治、产销情况报告及发展江津甜橙事业意见残件（一九五〇年六月二十一日） 9-1-145（114）

9

58

果膠之原料，以製作江津廣柑糖漿及家庭罐頭，及研究以柑橙製酒。又高歇鄉有業者十五元在研究上項之工作。

（二）儲藏　一般果農將摘下之果實，不經任何處理，常堆放於潮地或閣樓上，床下，鋪以稻穀等物，表面再覆蓋一層草類，方法簡陋。另有庫藏，即果農備有儲藏庫，在庫中用果籃或果柑攤，多限於專營柑橙之大果農。另有以地窖儲藏者，窖之形式甚多，大多利用岩穴或地下土層等。全區儲藏之戶數不多，僅佔總數百分之二九．八。其餘儲藏戶數與果園之大小成正比，小果農儲藏者甚少。據一九四九年調查十六鄉鎮之調查，全區儲藏柑橙總數為一二一三二〇擔，如與其生產量比較，則其儲藏數量實佔過少。

開始儲藏時期以十一月為最多，十二月次之，十月又次之，一月目次。

江津甜橙病虫害防治、产销情况报告及发展江津甜橙事业意见残件（一九五〇年六月二十一日） 9-1-145（115）

並社員之例之儲藏方法中，只有如此始能獲得較多之利潤，平均社儲藏過程中霉爛約佔百分之二三·六，水爛佔百分之一〇·六，乾疤約佔百分之六·三，其他佔百分之二·〇，共計儲藏期間之損失佔儲藏總量百分之四二·六〇，損失甚大。[illegible]園藝試驗場新式儲藏庫一所，約可儲藏三〇萬枚，[illegible]一所，約可儲藏四十餘萬枚，但修建未見合理，[illegible]所約可儲藏五萬枚，先年一所，[illegible]損毀。

五、運銷情況：

(一)直接銷售情形：[illegible]

江津甜橙病虫害防治、产销情况报告及发展江津甜橙事业意见残件（一九五〇年六月二十一日） 9-1-145（116）

60

於載乃由

已經產出數量不夠一木船之載重量，乃由二人或二人以上之果農合僱一船運至，情形亦常有之。故木船為本區之唯一運銷工具。雖應用兩頭翹或者船至順江一帶有某些江鈴船，但用大車者極少。歷其由又以人力挑者為最多。佔直接運銷戶百分之六九．五，用木船者僅佔百分之三五．五。

（二）間接銷售！ 本項銷售方式，減少生產者之利潤，已為人所盡知之事實，但在本區竟佔果農總戶數百分之六三．八，然其銷售之甜橙數量則較直接銷售為少。因間接銷售多為小果園，其出產數量不多，分為下列六項：

（1）賣青！ 甜橙尚未成熟，顏色亦未變黃，即售與商人。此種交易，無不以甜橙株數為依據單位，而以整個或部份果園，或株數為標準作價，由雙方估計產量後備買，以後產量之多少，並不影響業經議定之價格。按此種形式，通常在割株之前若干日……

江津甜橙病虫害防治、产销情况报告及发展江津甜橙事业意见残件（一九五〇年六月二十一日） 9-1-145（117）

贰

(2)黄熟：在甜橙已黄熟时出售者，佔百分之一〇·三。又名判黄。

(3)数籽：此甜橙之数量为单位（通常为一〇〇〇枚）多为園主在甜橙成熟时售与商贩或批发商。佔百分之七八。

(4)青兼黄：一部判青，一部判黄。佔百分之（一·七）。

(5)青兼数籽：指一部判青，一部数籽。佔百分之〇·七。

(6)黄兼数籽：指一部判黄，一部数籽。佔百分之〇·九。

其次，采摘之难易，生活以及生产者之意见，又如经济情形，人力，以及运销境况决定之。其价值以较直接销售为低。以数籽者为运多。

(三)运输与用途：主要市场为重庆，其次江津。江津王坝……

经上销售之市场为重庆。江津甚多为转运市场之王坝……

色年经甜橙之集场运往结为四川省外……

运至重庆……经由当地水果行……

江津甜橙病虫害防治、产销情况报告及发展江津甜橙事业意见残件（一九五〇年六月二十一日） 9-1-145（118）

61

運，再批發與西安作出販，收水果店，一年的每枝甜橙由生

產至消費者之口中，須經中間商二至三次，或更多。故雖

僅超過生產成本四至六倍，生產者所

得甚微，所得之利潤，其中大部為中間商人獲去。

六、結論

由以上各節可知江津甜橙產銷情况有下列

諸環節：

（一）果實品質不一，極須改善。本地雖有極優良之品種如牛肉甜

一系即在產區鄉間建得，列入世界最優品種之

林，無人問色。

（二）栽培方法陳舊放任，病蟲害嚴重，尤以蛆柑瘋柑最為嚴重，每年減產

將達總產量之一半。殊屬驚人。

（三）肥料與防治病蟲害藥械同感缺乏，尤缺石灰硫磺酸肥料。且

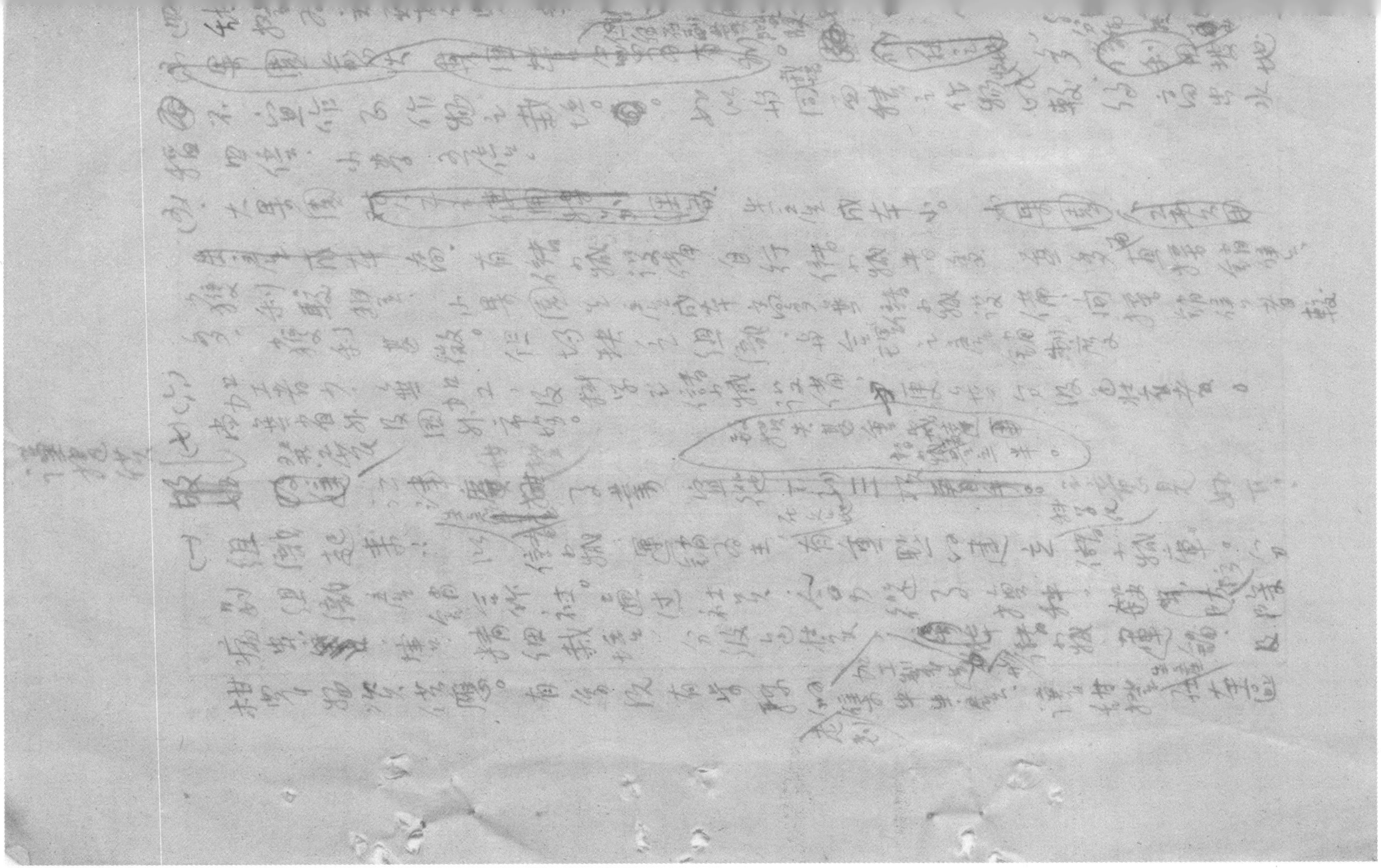

（三）不宜作別作物之栽培。如以此同面積之作物比較，仍高出水稻四倍，小麦八倍。

（四）大果園……生產成本小。小果園……

……有储藏設備，自行储藏者多，並直接銷售，獲利較大。小果園……無储藏設備……獲利甚微。但均缺乏組織……

（六）加工者少，無加工設備……

（七）尚無省外及國外市場。

（一）組織起来 [illegible]

江津甜橙病虫害防治、产销情况报告及发展江津甜橙事业意见残件（一九五〇年六月二十一日）　9-1-145（119）

江津甜橙病虫害防治、产销情况报告及发展江津甜橙事业意见残件（一九五〇年六月二十一日） 9-1-145（120）

62

因之集化，商業化。但在目前科學化儲藏庫一時難以建立之條件下，應由扶植現有[illegible]改善，至於合作運銷，在目前尚無[illegible]外[illegible]大力[illegible]和扶植，[illegible]打開銷路[illegible]運銷園外。

（二）改進技術：首須[illegible]江津[illegible]試驗場[illegible]所園藝改良場之研究試驗，[illegible]推廣工作，採取農民已有經驗加以科學整理，並經補充，再行推廣。如[illegible]民[illegible]農民經驗和創造，綜合整理[illegible]推廣[illegible]重要實際結合[illegible]目前應以[illegible]既得良好[illegible]及時整理，繼續就地選取優良品系，加強防治病蟲害工作，[illegible]全力撲滅蚜蟲，麻柑改進栽培、採收、處理等技術。

（三）解決肥料、防治藥械、及果園貸款等問題：應在[illegible]區鼓勵[illegible]以合作方式，[illegible]型工廠。供應[illegible]

江津甜橙病虫害防治、产销情况报告及发展江津甜橙事业意见残件（一九五〇年六月二十一日） 9-1-145（121）

~~七、對江津甜橙產銷的意見~~

七、註：本篇各項統計數字的根據一九四九年本縣推廣區
在~~十八鄉鎮~~甜橙產區真武、順江、仁沱、書治、普[illegible]、西湖
高歇、雲霧、龍華、馬鬃、賈嗣、五福、廣興、杜市、
永豐、先鋒、高牙等十六鄉鎮，所作五四九三戶果
園調查材料而成。關於產運銷費及病蟲害者則係
根據全部調查材料按其果園大小及分佈抽取五〇〇
戶作為標準分析者。至於內容較複雜之生產成本
則根據果園大小、產域分佈選擇一〇〇戶調查材
料為根據。 統計分析者。

一九五〇、六、廿一。

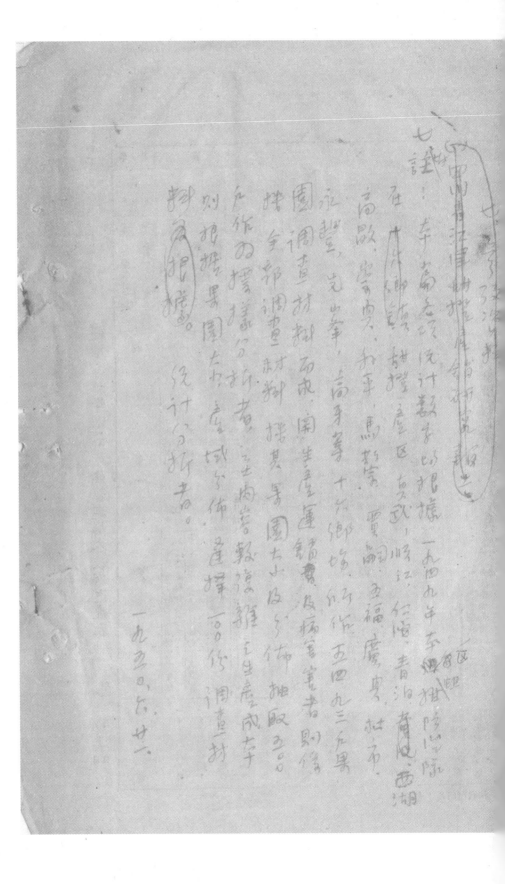

巴县第三辅导区办事处为呈请派柑橘病虫害专家莅乡防治一事与华西实验区办事处的往来报告、通知（附：柑橘最常见之病虫害及防治法） 9-1-137（44）

中華平民教育促進會華西實驗區巴縣第三輔導區辦事處 報告

平巴三甘辰字第三一八號

中華民國三十八年九月十二日發

事由：為據報轉請賜派柑橘病虫害專家莅鄉防治以免蔓延而利桔農由

案據本區跳蹬鄉平巴三跳字第21號報告內稱「查跳蹬鄉沿長江一帶種柑橘壹萬伍仟餘株惟近年來受病虫害甚劇死者頗多現存柑橘中受病害者約百分之三十受虫害者約百分之五十病害係枝葉受損害虫害係樹幹受虫鑽孔毀傷久則死去經分別使用砒酸鉛及鹼式硫酸銅與刀刀丁均未見有何效果擬請

第　頁

巴县第三辅导区办事处为呈请派柑橘病虫害专家莅乡防治一事与华西实验区办事处的往来报告、通知
（附：柑橘最常见之病虫害及防治法）　9-1-137（45）

32

轉請總處派柑橘病蟲害專家來鄉防治之病蟲害
而嘉惠農民是否有當理合報請鑒核示遵等
情據此查所稱尚屬實在情形理合轉請
鑒核迅予賜派柑橘病蟲害專家莅鄉防治以免蔓
延而利農民為禱！
謹呈
主任孫
巴縣第三輔導區主任胡英鑑

巴县第三辅导区办事处为呈请派柑橘病虫害专家莅乡防治一事与华西实验区办事处的往来报告、通知（附：柑橘最常见之病虫害及防治法） 9-1-137（51）

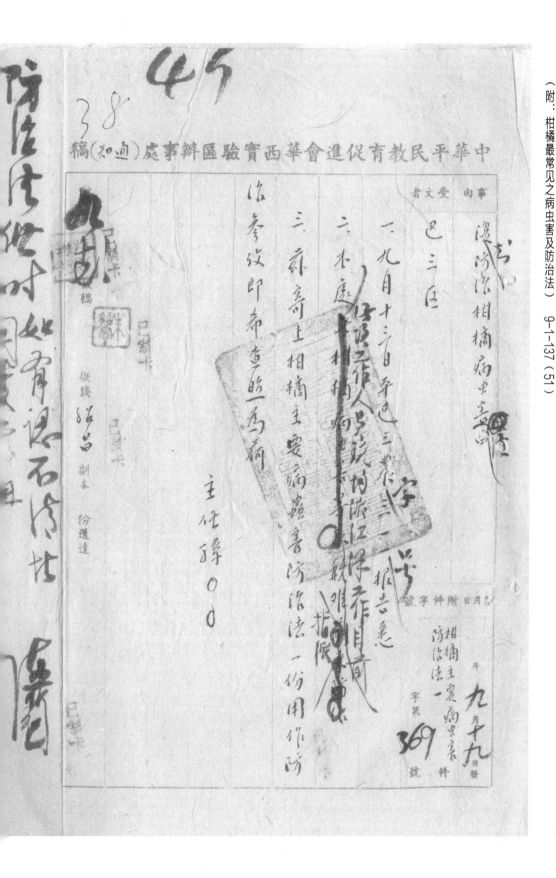

38 45

中華平民教育促進會華西實驗區辦事處（通知）稿

事由：復防治柑橘病虫害

受文者：巴三區

一、九月十三日辛巴三農字第一號報告悉

二、本處該項工作人員吳彭均赴涪江浮工作，目前難以抽派

三、茲寄上柑橘主要病蟲害防治法一份，用作防治參考，即希查照為荷

主任 孫〇〇

附件：柑橘主要病虫害防治法一件

發：九月十九日 字第369號

擬稿 副本 份送達

巴县第三辅导区办事处为呈请派柑橘病虫害专家莅乡防治一事与华西实验区办事处的往来报告、通知（附：柑橘最常见之病虫害及防治法） 9-1-137（40）

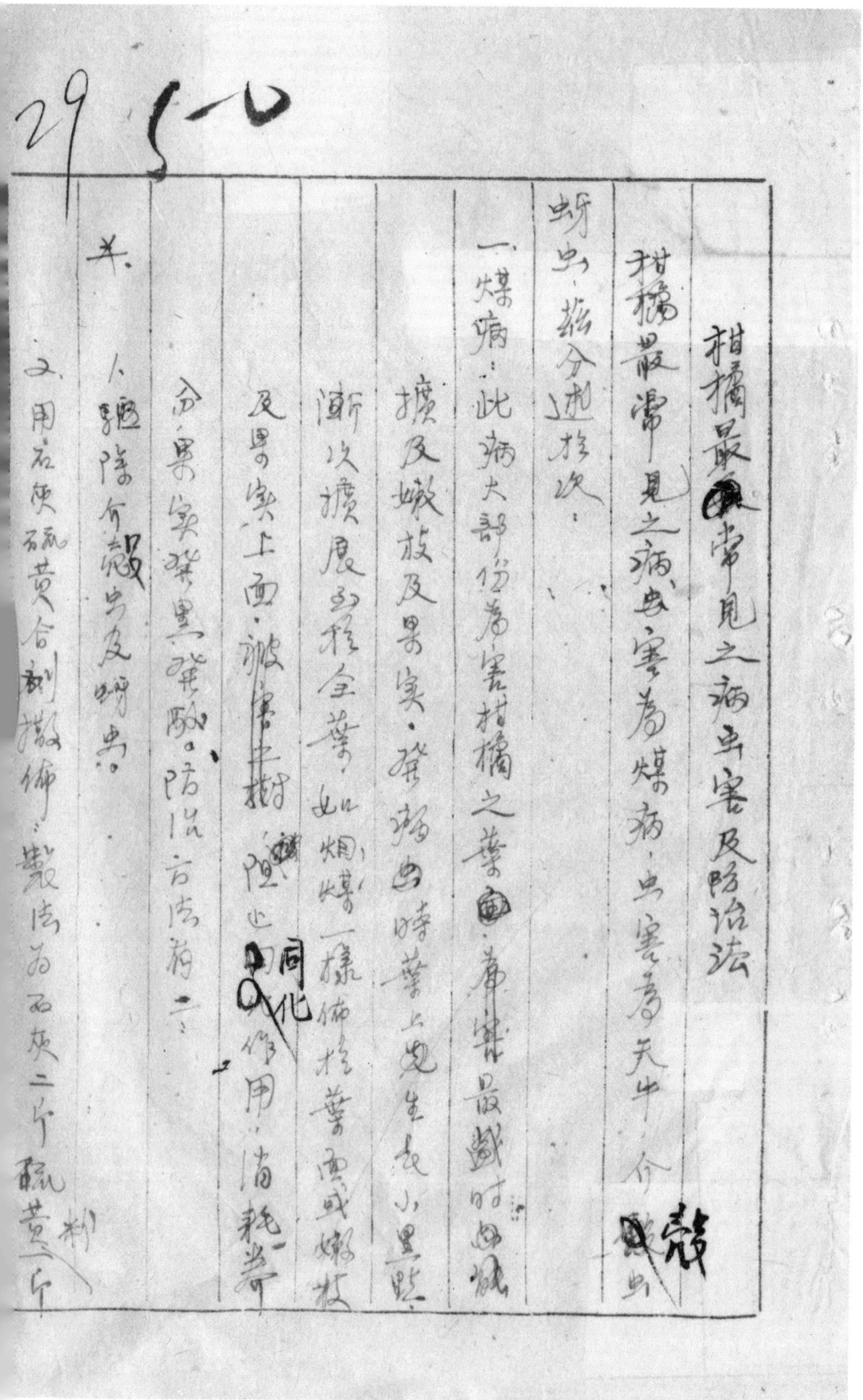

29 5—6

柑橘最常見之病虫害及防治法

柑橘最常見之病、虫害為煤病，虫害為天牛、介殼虫、蚜虫，茲分述於次：

一、煤病：此病大部份為害柑橘之葉，為害最烈時由嫩擴及嫩枝及果實。發病之時葉上先生很小黑點，漸次擴展到整全葉，如烟煤一樣，佈於葉面或嫩枝及果實上面，被害樹阻止同化作用，消耗養分，果實發黑發酸。防治方法有二：

1、驅除介殼虫及蚜虫。

2、用石硫黃合劑撒佈，製法為石灰二斤，硫黃一斤，

巴县第三辅导区办事处为呈请派柑橘病虫害专家莅乡防治一事与华西实验区办事处的往来报告、通知
（附：柑橘最常见之病虫害及防治法）　9-1-137（41）

清水十二斤。先用清水溶解生石灰，另用硫黄粉加少许水作成糊状，然后混合加水搅拌加热煮沸半點鐘即成，用时加水十倍（七倍）用喷雾佈之。

一、天牛幼虫：天牛幼虫于六到八月间產卵于树皮上下，次年春孵化为幼虫向上蛀食木質，第三年冬再向下蛀食木質，再次年五、六月化蛹，六七月成虫產卵。防治法有四：

（一）于六到八月之间常视园内见有天牛捕杀之。有卵或树皮上发现者杀之。

（二）于六到八月之间以清刷树样，以石灰十份硫酸铜二份食盐少许配合涂擦刷树样以免天牛產卵

璧山四寶閣文具印刷彩賢印製

巴县第三辅导区办事处为呈请派柑橘病虫害专家莅乡防治一事与华西实验区办事处的往来报告、通知
（附：柑橘最常见之病虫害及防治法） 9-1-137（42）

30

（三）、用铁丝钩杀蛀干内幼虫。

（四）用不安全的红头火柴三四根插於虫孔毒杀之。

三、蚜虫又名天蝨，侵害柑橘之嫩枝叶，使其枯萎，防治法有二：

（一）用菸草叶或苦楝浸水，以水洒於蚜虫体上，最好加一点肥皂。

（二）防治蚂蚁，因蚂蚁与蚜虫有共生关係，防蚂蚁即间接防治蚜虫。

四、介壳虫：介壳虫种类很多，有绵介壳虫，如绵状体附於体周，细圆介壳虫、黑介壳虫、长介壳虫等，体扁圆，有介壳被覆，为害嫩枝及叶部，防治法为

（一）春夏冬虫发生时撒布石灰硫黄合剂。或菸草末

巴县第三辅导区办事处为呈请派柑橘病虫害专家莅乡防治一事与华西实验区办事处的往来报告、通知
（附：柑橘最常见之病虫害及防治法） 9-1-137（43）

（四）注意剪枝使空氣流通，日光透之，去其被害部份焚燬

（五）春夏之交洒硫黄水防治

（六）冬季撒石油乳劑，即石油二斤，水十斤，肥皂半斤配合而成

再加二十倍水洒之。

璧山四寶閣文美印刷紙號印製

华西实验区甜橙果实蝇防治总队为检发工作报告格式事宜致第七分队通知 9-1-151（67）

中華平民教育促進會華西實驗區 甜橙果實蠅防治總隊 通知

橙巫字第五一

卅八年九月十三日于興武

事由：為檢發工作報告格式二份希查照由

受文者：第七分隊

頃奉本區農業組通知所有出差人員旅費報銷除旅費明細表須檢附工作報告表格外尚須附呈工作日記及報告以便查核茲檢附工作報告表格式二份即希查照為荷

中華平民教育促進會華西實驗區甜橙果實蠅防治總隊[illegible]

华西实验区甜橙果实蝇防治总队为通知该队工作延至十月十五日结束致第七分队通知　9-1-151（68）

66

43

中華平民教育促進會華西實驗區甜橙果實蠅防治總隊 通知

橙函字第五〇號

卅八年九月十五日[illegible]

事由：為通知本隊工作決延至十月十五日由

受文者：第七分隊

查各隊第一二期工作均能如期完成，茲值第三期工作伊始，本隊以今年天旱甜橙生長遲緩，為竟全功計，經決定本隊工作延長半月至十月十五日結束，相應通知，即希查照為荷。

總領隊

华西实验区甜橙果实蝇防治总队为请在江津县龙山乡开设辅导区事宜呈华西实验区办事处函 9-1-160（50）

38

38/10/18 收文 字第1377號

中華平民教育促進會華西實驗區~~總辦事處~~甜橙果實蠅防治總隊（報告）（ ）本

事由：為龍山鄉請增開區由

受文者：主任孫

頃准

龍山鄉鄉公所寧組字第〇八號公函內開案准貴隊橙函字第四一號公函並蒙派邵領隊啟澤等同志駕臨敝鄉指導業於本（十）月二日蛆柑防治會組織完成因今年蛆柑之多愈加繁甚各果農業戶對組織防治工作尤為重視以致該會成立應推選之理監事等人員業已選定應挖之殺蛆深坑均已規定地點挖掘完成刻已選擇置坑殺除中惟以敝鄉地處偏隅以致貴隊前調查時未得接洽因而本縣此次所開區之鄉鎮敝鄉致未列入尤以敝鄉實屬地瘠民貧深知貴會為民所錫幸福者以致欲亟開區在急希予即行開區增為

橙蝕字第 十二 號
卅八年十月十四

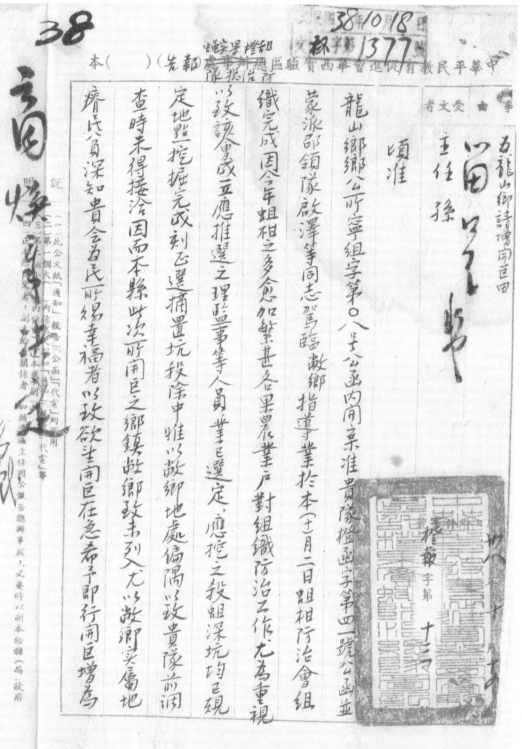

說明：（一）此公文紙「通知」「報告」「公函」「代電」均可用（二）第一個大（ ）內係…（三）第一個小（ ）…（四）正本給受文者，副本給有關係者……以副本給縣（局）政府

华西实验区甜橙果实蝇防治总队为请在江津县龙山乡开设辅导区事宜呈华西实验区办事处函 9-1-160（51）

39

中華平民教育促進會華西實驗區甜橙果實蠅防治總隊（報告）（ ）本

由

受文者

本县十七鄉鎮開區之祠應函請貴会查照即于開區俾敝鄉人民早獲幸福尚盼賜覆等情前來理合備文呈請

鈞座裁奪並祈核示俾逕直接通知該鄉公所查照為禱

職 李煥章 謹呈

已制卡

附件

字號

查江津設立輔導事宜本區有通盤計劃，現有十六鄉工作均已確定，為求齊一起見，該鄉開區事業俟至二期

李煥章 十二月十四日

簽報存 告知之也

說明

（一）此公文紙「通知」「報告」「公函」「代電」均可用

（二）第一個大（ ）內係寫文別如「通知」「報告」「代電」

（三）第二個小（ ）內係寫「正」本或「副」本

（四）正本給受文者，副本給有關係者 如輔導區主任因公報總辦事處必要時以副本給縣（局）政府

一九四九年七月至十月华西实验区甜橙果实蝇防治总队为日常业务管理事宜给西湖乡第五分队的通知等　9-1-162（2）

162卷

西湖乡第五分队

一九四九年七月至十月华西实验区甜橙果实蝇防治总队为日常业务管理事宜给西湖乡第五分队的通知等　9-1-162（3）

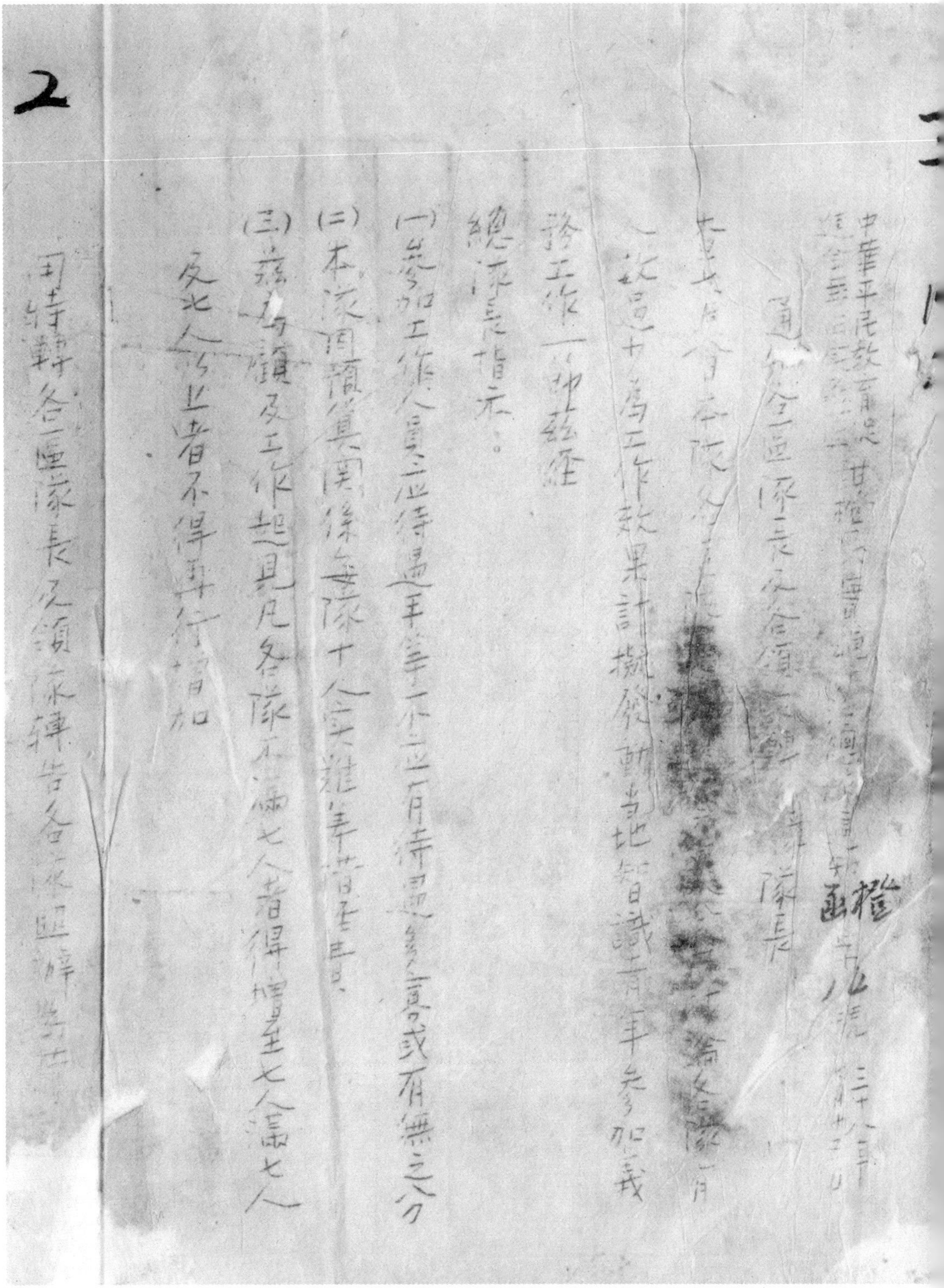
2
三
中華平民教育促進會華西實驗區甜橙果實蠅防治總隊通知　橙函字第八號　三十八年[illegible]月[illegible]日
通知全區隊長及各領[illegible]隊長
查本總隊[illegible]各隊[illegible]
以收追十為工作效果計擬發動當地知識青年參加義
務工作一切茲經
總隊長指示：
（一）參加工作人員應待遇平等不應有待遇多寡或有無之分
（二）本隊因預算關係每隊十人實難再增經費
（三）茲為領及工作起見凡各隊不滿七人者得增至七人滿七
人及七人以上者不得再行增加
用特轉各區隊長及領隊轉告各隊照辦為[illegible]

一九四九年七月至十月华西实验区甜橙果实蝇防治总队为日常业务管理事宜给西湖乡第五分队的通知等　9-1-162（4）

二一六

10/8

通知　卅八年八月四日
橙函字第十八號

一、凡調回實驗區繁殖站之領隊離職後所有各該分隊工作由該區區隊長暫行兼該地代理

二、連環圖畫三種及氣化苦已運到江津，希各隊派員前往領用，第一、四兩區隊在真武領取，第二區隊暨崇興、高[illegible]兩分隊由實驗隊轉發，馬鬃、和平兩分隊由仁沱隊轉發

三、茲訂於本月十二日午後四點鐘假總隊部召開各區隊長、分隊長聯席會議，希各區分隊長儘量準備書面報告，屆時出席為要（自備簡單行李）[illegible]

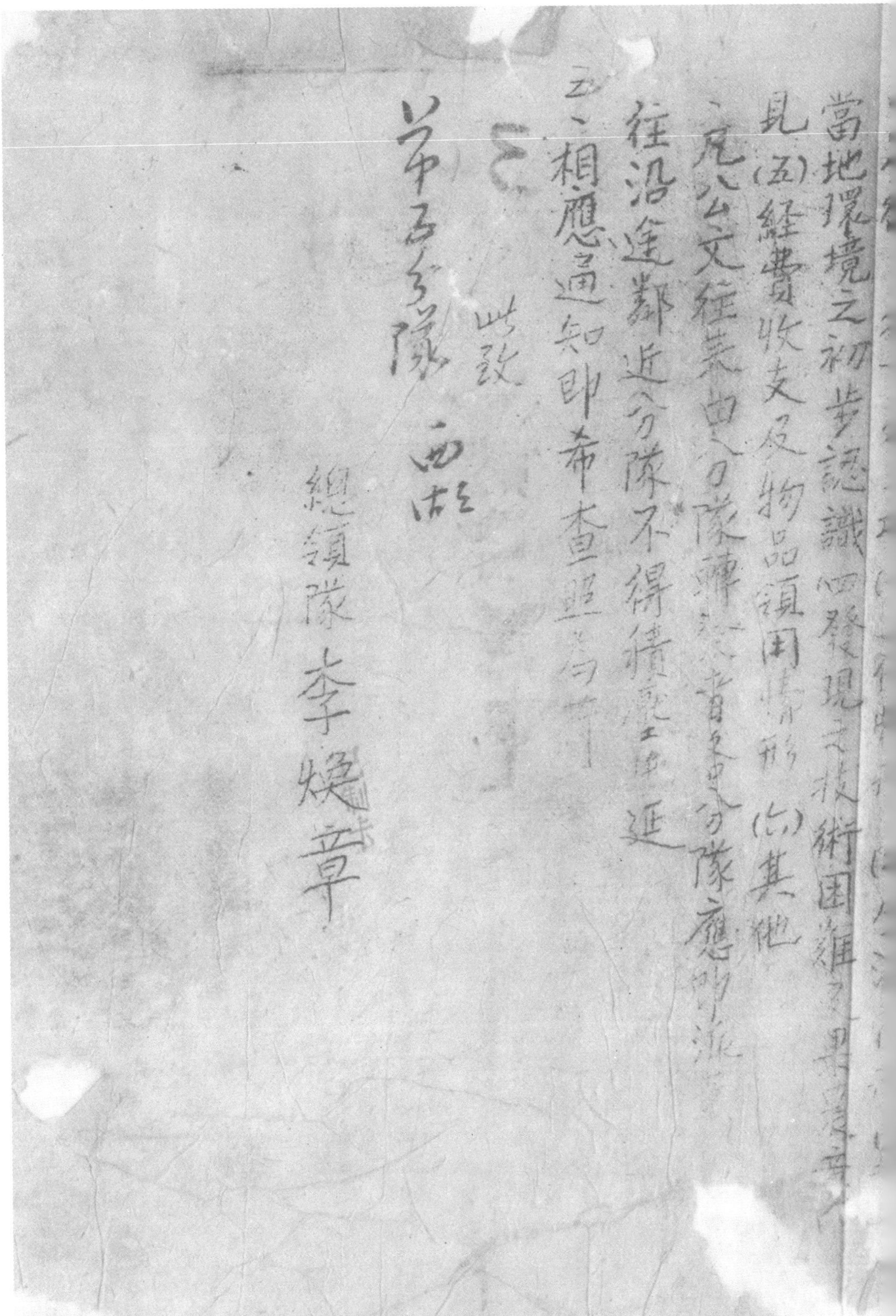
當地環境之初步認識（四）發現之技術困難及果實[illegible]
見（五）經費收支及物品領用情形（六）其他
、凡公文往來由[illegible]隊轉[illegible]者[illegible]分隊應即派[illegible]
往沿途鄰近分隊不得積[illegible]延
五、相應函達知即希查照為荷
此致
第五分隊 西湖
總領隊 李煥章

一九四九年七月至十月华西实验区甜橙果实蝇防治总队为日常业务管理事宜给西湖乡第五分队的通知等 9-1-162（5）

一九四九年七月至十月华西实验区甜橙果实蝇防治总队为日常业务管理事宜给西湖乡第五分队的通知等　9-1-162（6）

二三

8/8

通知　民國卅八年八月五日　澄函字第二十號

關于八月十二日召開各隊聯席會議事　茲再補充如下

一、各分隊如分隊長對全部工作不甚熟悉則由領隊出席報告必要時兩人同時出席

二、出席時除準備書面報告外各隊所製之工作資料各鄉地圖壁報圖畫宣傳之文字及標語等亦請帶至真武以供展覽觀摩

三、工作報告項中應將各隊之計劃與開展工作經過

詳細各[illegible]

一九四九年七月至十月华西实验区甜橙果实蝇防治总队为日常业务管理事宜给西湖乡第五分队的通知等　9-1-162（7）

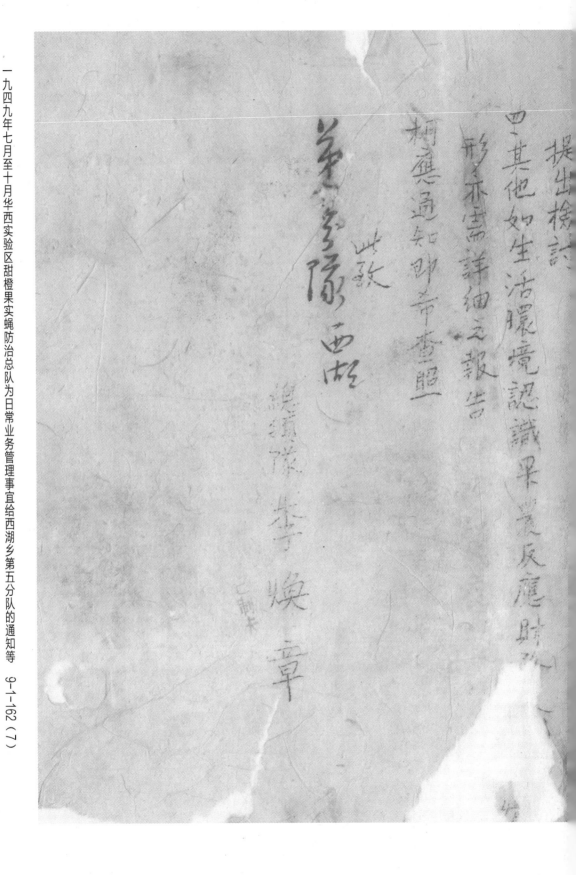

提出檢討
四 其他如生活環境認識果蠅反應時效
形亦需詳細之報告
柯應通知即希查照
此致
第五隊西湖
總領隊 李煥章
已制卡

一九四九年七月至十月华西实验区甜橙果实蝇防治总队为日常业务管理事宜给西湖乡第五分队的通知等 9-1-162（8）

一二八

中華平民教育促進會華西實驗區甜橙果實蠅防治總隊通知

橙嘉字第廿八號
卅八年八月廿日于吳武

事由：為規定書面工作報告書應行注意事項由

工茲為便利文件之整理及歸檔起見，特規定書面工作報告書應行注意事項如左

1.各區分隊正式書面工作報告書除用文字做詳盡之敘述外，希多加圖表表示。

2.各區分隊之具體問題及建議，希能分條詳列，並請隨時報告總隊部。

3.各項報告書用紙之尺寸以四裁紙之大小為準，以便彙集裝訂。

4.如報告書之頁數較多，希裝訂成冊，外加目錄及封皮，封皮上應註明報告書之名稱，及分隊所駐地之鄉鎮名稱。

5.報告書之內容，希包括「工作概況」、「工作進度」、「工作困難」、「工作經驗」、「生活情形」、「具體問題」、「提供之建議」及其他項目。

6.各區分隊經臨各費之開支報銷務希按月呈報，請勿附於報告書內。

Ⅱ希即知照

此致

第五分隊

總隊長 李煥章

一九四九年七月至十月华西实验区甜橙果实蝇防治总队为日常业务管理事宜给西湖乡第五分队的通知等 9-1-162（9）

一二七

21/8

中華平民教育促進會華西實驗區 甜橙果實蠅防治總隊 通知

橙函字第廿九號

卅八年八月廿一日于奠武

事由：為本隊人事調動希即查照由

受文者：第五分隊

一、派田荊輝同學基兩同志任總隊部幹事

二、第一分隊領隊吳天錫同志調廣興指導綦江县屬北斗升平等鄉工作

三、王承灌李栩陶存雲學友及張遠定等五位領隊調回巴璧兩县農業推廣繁殖站遺留職務由分隊長代理

四、第十五分隊領隊袁家興同志調回原工作遺職務由該分隊長代理

五、第十分隊領隊任錫川同志調馬鞍鄉遞補張遠定遺缺

六、第一分隊員鄭崇德暫調十二分隊（廣興）參加該隊工作人[illegible]

六、劉學鑑兩隊員暫調第四分隊（青泊）參加工作

七、第九分隊長李俊聰調先峰鄉第十四分隊參加工作。

總領隊 李煥章

已制卡

一九四九年七月至十月华西实验区甜橙果实蝇防治总队为日常业务管理事宜给西湖乡第五分队的通知等 9-1-162（10）

一三八

18

中華平民教育促進會華西實驗區甜橙果實蠅防治總隊 通知

橙函字第三〇號

卅八年八月廿日于真武

事由：為本隊隊員米貼報銷辦法由

受文者：第五分隊

一、隊員米貼按照各該分隊所在地發放日中熟米價折發銀元或銀元券

二、所領米貼應由分隊長領銜及各隊員於報銷單據上親自簽名

三、所報米價應取得當地米商証明方為有效，如有困難可請各區隊長證明

四、報銷單須請領隊及區隊長同時簽名蓋章以昭鄭重

五、隊員本[illegible]職或請假等，其米貼請按工作規約及徵求隊員辦法辦理，如有領款錯誤請各分隊長負責

六、附隊員米貼報銷表六份，請分別簽蓋後交發款人帶回總隊部記帳

七、所有以前具領之各項米貼應與公款分開，於發放八月份米貼時一次報銷

八、本辦法經總領隊核准後公佈施行

附隊員米貼報銷表格式於後：（已交聯絡員帶回各分隊共六份）

總領隊 李煥章

一九四九年七月至十月华西实验区甜橙果实蝇防治总队为日常业务管理事宜给西湖乡第五分队的通知等　9-1-162（11）

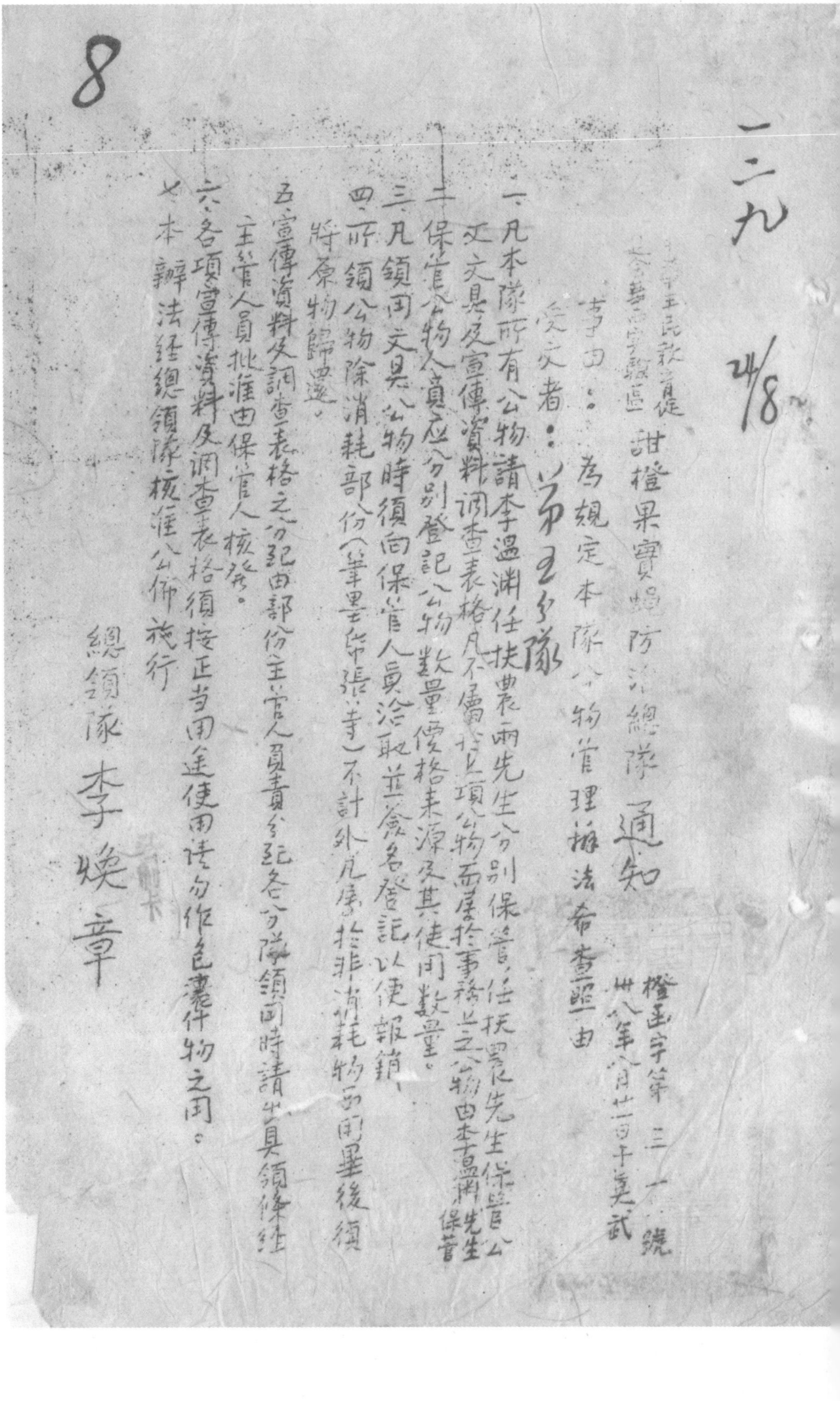

8

一二九

24/8

中華平民教育促進會華西實驗區甜橙果實蠅防治總隊 通知

橙亞字第 三一 號

卅八年八月廿四日于吳武

事由：為規定本隊公物管理辦法希查照由

受文者：第五分隊

一、凡本隊所有公物請李溫渊任扶農兩先生分別保管，任扶農先生保管公文文具及宣傳資料調查表格，凡不屬於上項公物而屬於事務上之公物由李溫渊先生保管。

二、保管公物人員應分別登記公物數量價格來源及其使用數量。

三、凡領用文具公物時須向保管人員洽取並簽名登記以便報銷。

四、所領公物除消耗部份（筆墨紙張等）不計外，凡屬於非消耗物品用畢後須將原物歸還。

五、宣傳資料及調查表格之分配由部份主管人員負責分配各分隊領用時請出具領條經主管人員批准由保管人核發。

六、各項宣傳資料及調查表格須按正当用途使用，請勿作包裹什物之用。

七、本辦法經總領隊核准公佈施行

總領隊 李煥章

一九四九年七月至十月华西实验区甜橙果实蝇防治总队为日常业务管理事宜给西湖乡第五分队的通知等　9-1-162（12）

9

一三〇

24/8

華西實驗區甜橙果實蠅防治總隊 通知　橙函字第三二號

卅八年八月廿二日于真武

事由：爲規定本隊同仁領用公款辦法由

受文者：第五分隊

一、凡本隊同仁領用公款須出具領據經總領隊批准後出納始得發款。

二、所領公款如屬預支性質須填寫預支領條註明用途及預支報銷日除特殊原因不能如期報銷外請按預定日期報銷

三、報銷款項如購置貨物請黏附發票或其他有效之原始單據無法取得單據者請填具證明單

四、購物報銷單須有經手人及驗收人之簽名蓋章會計人員始得記帳發款

五、旅費報銷請用旅費報告表照實填寫。

六、旅費報銷請按華西實驗區規定辦法辦理。（舟車費實支實報日用費重慶每日一元二角其他各地六角旅館費須有單据始准報銷）如巡視各分隊客飯請分隊登記由總隊部付給請勿再報日用費。

七、各分隊所領之辦公費開辦費等報銷請按原規定格式辦理並參照本办法办理。

八、各項報銷請交記帳人員彙轉總領隊批准後始得報銷

九、本办法經總領隊核准公佈施行。

總領隊 李煥章

一九四九年七月至十月华西实验区甜橙果实蝇防治总队为日常业务管理事宜给西湖乡第五分队的通知等　9-1-162（13）

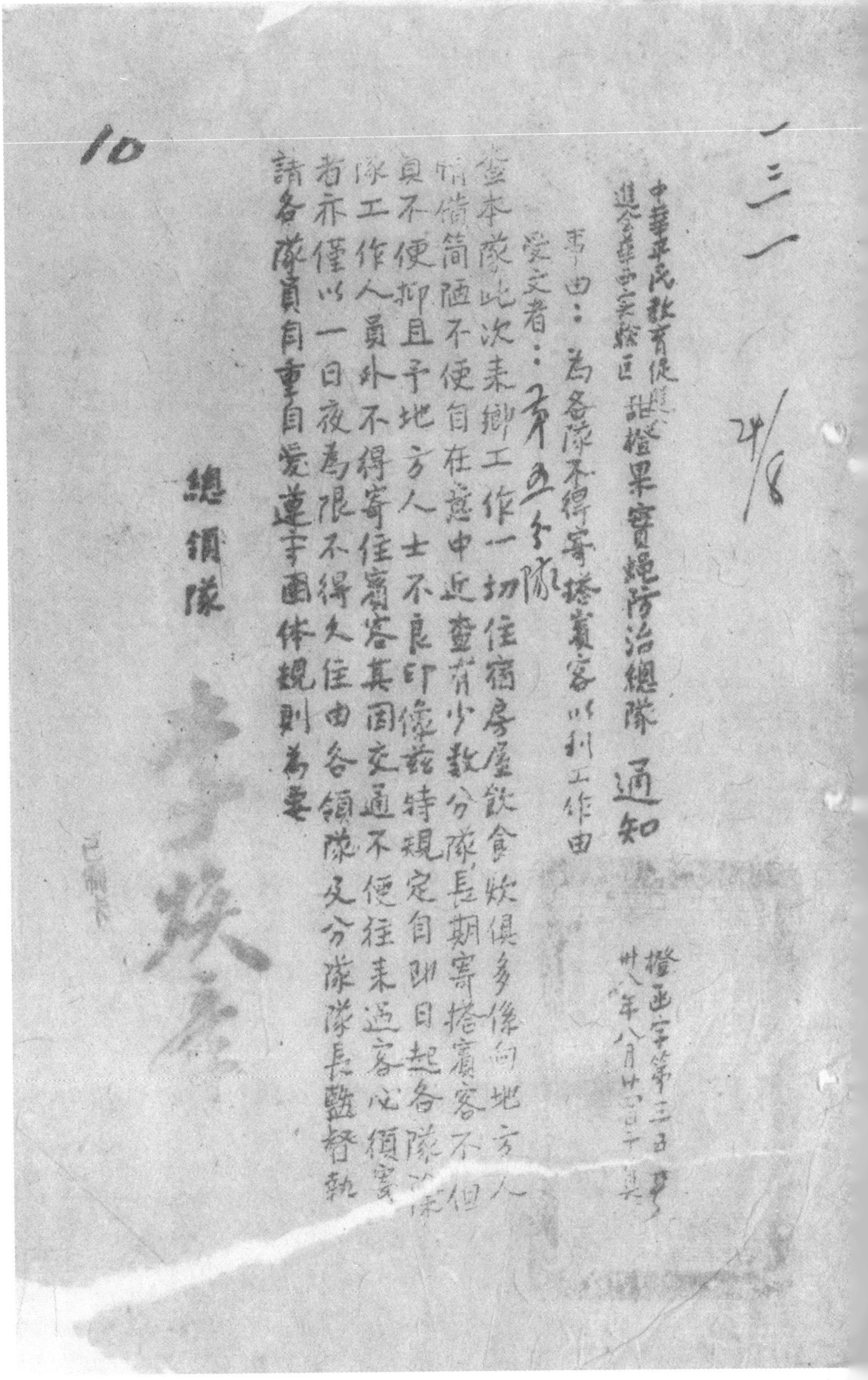

一三一

24/8

10

中華平民教育促進會華西實驗區 甜橙果實蠅防治總隊 通知

橙西字第三五號

卅八年八月廿四日

事由：為各隊不得寄搭賓客以利工作由

受文者：第五分隊

查本隊此次來鄉工作一切住宿房屋飲食炊俱多係向地方人借備簡陋不便自在意中近查有少數分隊長期寄搭賓客不但負不便抑且予地方人士不良印像茲特規定自即日起各隊除隊工作人員外不得寄住賓客其因交通不便往來過客必須實者亦僅以一日夜為限不得久住由各領隊及分隊隊長監督執請各隊員自重自愛遵守團体規則為要

總領隊

已制卡

一九四九年七月至十月华西实验区甜橙果实蝇防治总队为日常业务管理事宜给西湖乡第五分队的通知等 9-1-162（14）

中華平民教育促進會華西實驗區甜橙果實蠅防治總隊 通知

橙函字第三六號
卅八年八月曹千真武

事由：

受文者：第五分隊

查各隊人事時有變動，茲為便利發薪暨事後稽考計，特規定下列辦法，以利工作進行：

一、各隊之現有工作人員姓名、職別、到職日期暨中途離職之工作人員姓名、職別及離職事由、日期等，希即分別列表於本月底前報總部，以便重新編造名冊。

二、今後各隊人員如有變動，即刻書面報告總部，以便備查並修正原有名冊。

三、各隊工作人員因事請假獲准後，須於總部登記，事畢後須書面或親到總部銷假。

四、各隊工作人員無論公私事務來去總部時均須登記，以備查考。

五、以上，相應通知，即希查照為荷。

總領隊

一九四九年七月至十月华西实验区甜橙果实蝇防治总队为日常业务管理事宜给西湖乡第五分队的通知等　9-1-162（15）

中华平民教育促进会华西实验区甜橙果实蝇防治总队　通知

撰字第四二七号

卅八年八月卅一日于[illegible]武

事由：为通知即速准备杀蛆工作由

受文者：第五分队

一、查各分队调查及组织工作即将完成采摘蛆柑及杀蛆之准备亟应开始希即拟定具体计划同各果农分别洽定杀蛆方法（见讲义）并运用果农组织督导果农作各项摘柑杀蛆细目之准备（如选坑挖窖及购置材料等）

二、除示范果园杀蛆药剂（DDT粉）由本队酌予供给外其他一切杀蛆费用皆依大会决议由各果农自行负担

三、DDT粉之分配量希即与各该区队长商洽需量限九月十日前报请总队部审核

四、希即知照并将办理详情于九月十日前呈报总队部

总领队

一九四九年七月至十月华西实验区甜橙果实蝇防治总队为日常业务管理事宜给西湖乡第五分队的通知等 9-1-162（16）

13

三九

3/9

中华平民教育促进会华西实验区 甜橙果实蝇防治总队 通知

橙五字第四三號
卅八年九月一日

事由：為催繳表報由

受文者：第五分隊

下列表報應即速呈繳

1.工作月報表需按時繳由區隊長轉送總隊部備查

2.生骨調查表應注意調查中骨之產量及各分隊附近各鄉鎮如非屬本隊工作區域亦需派員調查

3.果園位置調查表及各鄉果園位置圖亦須依限繳送總隊部

相應通知即希查照

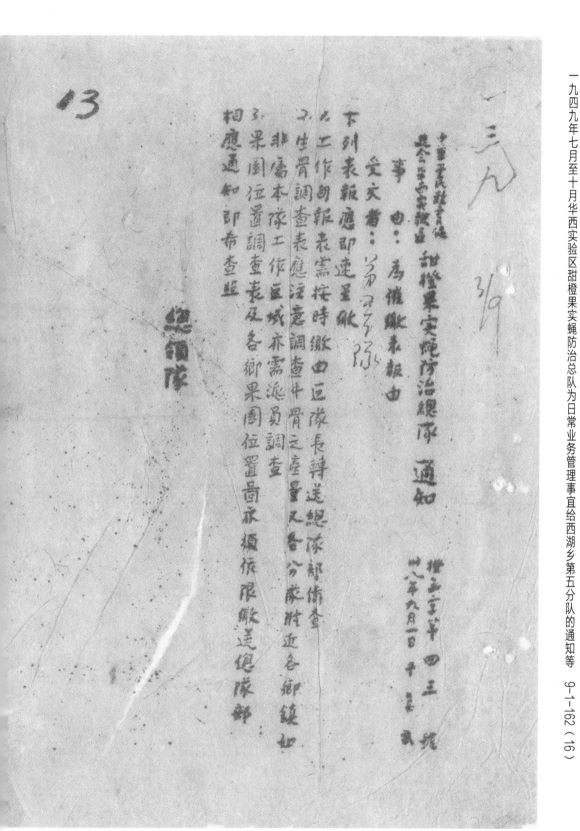

總領隊

一九四九年七月至十月华西实验区甜橙果实蝇防治总队为日常业务管理事宜给西湖乡第五分队的通知等　9-1-162（17）

一四〇

華西實驗區甜橙果實蠅防治總隊部通知

年月日	三十八年八月廿一日
附件	式
字號	

令第五分隊

查各鄉鎮果農組織均已先後組成，函送先備各手續，並即請各該組織呈繳成立申請書、組織章程、工作計劃表、會員職員名冊（格式附發）、果農會議紀錄及負責人簡歷等件，一份，一份由總隊部存查，一份由總隊轉送縣府備案。

一、發會手續須具備

凡曾繳交一份者，須另繳一份，未曾繳交者，須繳兩份。

希即知照。

一九四九年七月至十月华西实验区甜橙果实蝇防治总队为日常业务管理事宜给西湖乡第五分队的通知等　9-1-162（18）

15

一四三

10/9

中華平民教育促進會華西實驗區甜橙果實蝇防治總隊通知

橙亟字第五〇號
卅八年九月十二日於武

事由：為通知本隊工作決延至十月十五日由

受文者：第五分隊

查各隊第一二期工作均能如期完成，茲值第三期工作伊始，本隊以今年天旱甜橙生長遲緩，為竟全功，計經決定本隊工作延長半月至十月十五日结束，相應通知，即希查照為荷。

總領隊　李[illegible]

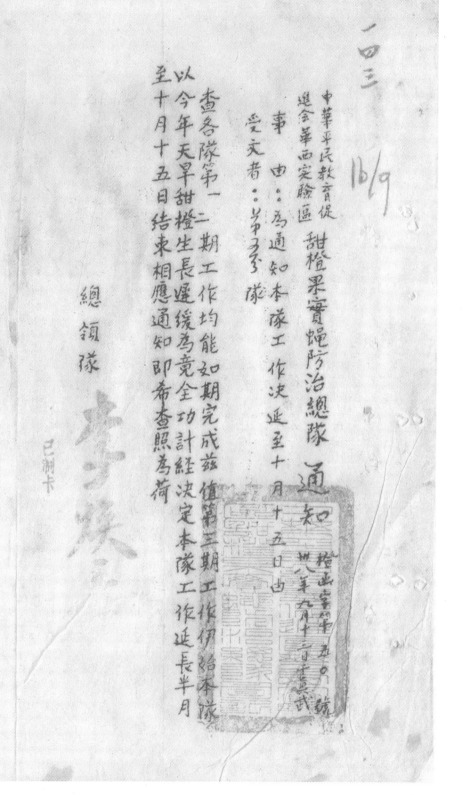

已制卡

一九四九年七月至十月华西实验区甜橙果实蝇防治总队为日常业务管理事宜给西湖乡第五分队的通知等 9-1-162（19）

16

一四四

11/7

中華平民教育促進會華西實驗區 甜橙果實蠅防治總隊 通知

橙延字第[illegible]號

卅八年九月十日發

事由：為檢發工作報告格式二份希查照由

受文者：第五分隊

頃奉本区農業组通知所有出差人員旅費報銷除旅費明細表領款單外尚須附呈工作日記及報告以便查核茲檢附工作報告表格式二份即希

查照為荷

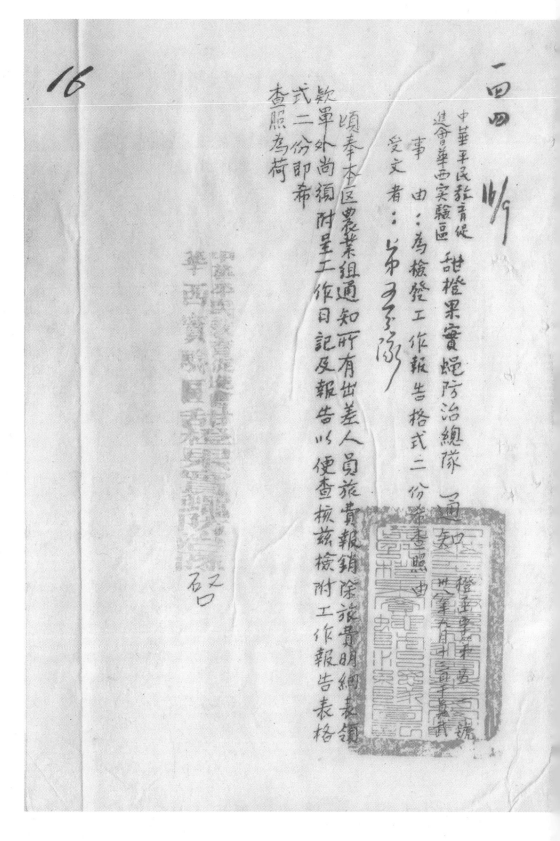

中華平民教育促進會華西實驗區甜橙果實蠅防治總隊 石之啓

一九四九年七月至十月华西实验区甜橙果实蝇防治总队为日常业务管理事宜给西湖乡第五分队的通知等　9-1-162（23）

一四九

19

28/9

中華平民教育促進會華西實驗區甜橙果實蠅防治總隊　通知

事由：為規定本隊工作結束前應行注意事項由

受文者：第五分隊分隊長　鍾隊

查本隊業已現已決定于十月中旬撤離，所有應行結束之工作請照下列各項辦法辦理之：

一、本隊本年度工作區十六鄉已由華西實驗區決定設立輔導區，其組織如下：

區主任 — 輔導幹事 — 輔導員八人（每兩鄉一人） — 民教主任四十八人（每鄉三人）

二、區主任及輔導幹事、輔導員等由孫主任聘請，在未奉總部派人前來時，本隊為工作賡續不致中斷起見，暫分配職務如次：

代理區主任　徐韋如先生

輔導幹事　曾敘

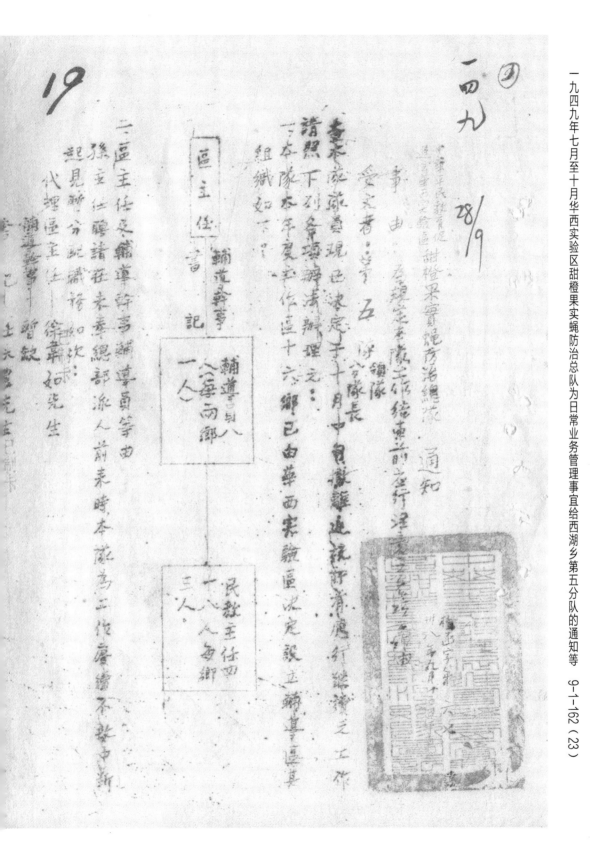

……已……士大豐先生……

一九四九年七月至十月华西实验区甜橙果实蝇防治总队为日常业务管理事宜给西湖乡第五分队的通知等　9-1-162（24）

王宗臣——仁沱　真武
郭錫昌——青泊
傅達銘——西湖　費嗣
邵歆澤——五福　慶興
譚力中——杜市　高歌
——崇興　和平
吳天錫——先鋒　永豐
嚴虎林（已制卡）——馬鬃（已制卡）

二、民教主任——現由徐業如、鍾德祺二先生赴江津招聘中，本月底即可分發各隊

三、民教主任分發各隊後參加防虫工作實習，兩週實習期間由區本部供給伙食，如成績優良，自十月十六日起正式聘任，按照區本部規定標準支薪

四、民教主任參加實習工作，本隊隊員應注意下列各項

(1) 隊員在工作上表現吃苦耐勞，作事認真，以為表率，并樹立本區今後之良好作風

(2) 實習人員之伙食由各隊代墊，以後按各隊員應攤數目由各民教主任書具條據交各隊報由總隊部結算

(3) 各隊之已完工作及今後應進行之工作應[illegible]有系統的移交

20

一四九

28/9

(3) 各民教主任并于离隊前將移交情形報告總隊部備查,報告之內容應包括:

a. 採果進行順利,果農自治能力足以賡继今後工作之各保甲小地名及戶名。

b. 採果工作應加意督促之各保甲小地名戶名。

c. 對本隊工作熱心今後可為發動新工作對象之農戶姓名及住址。

d. 對本隊工作不甚瞭解今後須加意勸導之農戶姓名住址。

e. 示範果園之介紹

f. 其他

(4) 各隊之經購傢俱什物殺虫藥品等應列造清冊三份会同各輔導員移交各民教主任並由三方蓋章(輔導員、隊長及民教主任一份報總隊備查一份存輔導員一份存民教主任)凡在院內領用之藥箱、水壺、布袋、標本瓶、捕虫網等仍由原領人帶回俟抵院後再行繳回。

(5) 各領隊及各隊隊長應負責分別考核各民教主任之实習成績藉為決定將來聘請與否之參考,其考核記載詳見附表,此項考核表請于离隊前報交總隊部

一九四九年七月至十月华西实验区甜橙果实蝇防治总队为日常业务管理事宜给西湖乡第五分队的通知等　9-1-162（26）

六、區本部派來新輔導員後各隊任鍾隊應偕同工作一星期將一切工作交代清楚後再行遵照區本部指示离開現有職務。

七、本隊決定于十月十日後十五日前返院詳細辦法俟與民生公司接洽後另行通知

總領隊

已制卡

一九四九年七月至十月华西实验区甜橙果实蝇防治总队为日常业务管理事宜给西湖乡第五分队的通知等　9-1-162（27）

21

一五〇

28/9

中華平民教育促進會華西實驗區甜橙果實蠅防治總隊 通知

事　由：為嚴禁果實出售並轉知照由

受文者：第五分隊

查近來果園內紅柑已漸呈黃色，各隊除應及時開始督促果農摘消毀外，并應嚴禁採摘日期攜帶紅柑或組柑入市求售或餽贈親友，遍有此項事件發生時，各隊應勸導攜果農人說明利害，將所攜果實送至鄉公所及果農會當衆消毀，並請果農會按照防治公約予以處理。此項禁止工作縣府曾有佈告，已有法律根據，希各隊切實督促果農會嚴格執行為要。

總隊長　李□□

已制卡

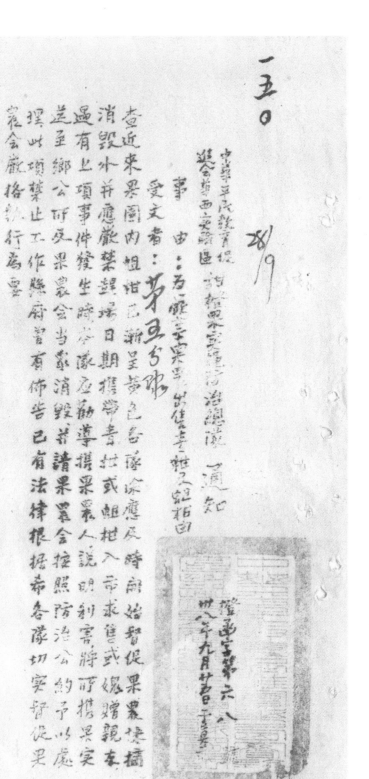

橙西字第六八號
卅八年九月廿四日

一九四九年七月至十月华西实验区甜橙果实蝇防治总队为日常业务管理事宜给西湖乡第五分队的通知等　9-1-162（28）

一五一

28/9

中華平民教育促進會華西實驗區甜橙果實蠅防治總隊通知

橙函字第六九號
卅八年九月廿五日

事由：為解答各分隊工作中提所提各種疑問由

受文者：第五分隊

一、氣化苦之分配與推廣辦法（棠安问）

氣化苦之數量有限不敷完全供應本隊僅能示範為求公允亦只用於示範果園如各隊所領用于示範果園有餘時得由各分隊酌量分用于熱心園户

二、氣化苦施用後流膠現象（高勛）

對於已用氣化苦與流膠現象是否相關不敢確定盼各隊用藥以節約為原則並應將藥深入樹幹之木質部或可避免之并盼隨時將施藥後之情形記載報告

三、公用殺蛆坑之材料經費何人負担

原則為各隊因地制宜總隊無法津貼由鄉公所徵稅與安亦非妥善方法茲介紹真武園藝生產促進會之方法以供各隊參考：公用殺蛆坑為公共殺蛆之用掘坑人工由坑所在地之保代表徵集會員所用材料由坑所在地之園户負担殺蛆之後此坑則屬該園户

摘果優先以分組為單位自治至於果病方面當由總隊分函希其
協助督導
五、增加各隊工作人員
現已由縣方接洽試用農推主任不日即可到達
六、關於蛆柑以外之病虫害防治問題
關於此點因為時間及其他關係目前無法處理已擬具計劃呈由
輔導區輔導防治
七、現由總隊發出摘果情况統計表一種希各隊分別於摘果數填明
八、果樹株數及蛆柑百分比尚有未交總隊者希速分户填明寄回
（附摘果情况統計表　份）

總領隊　李方煥

一九四九年七月至十月华西实验区甜橙果实蝇防治总队为日常业务管理事宜给西湖乡第五分队的通知等　9-1-162（28）

一九四九年七月至十月华西实验区甜橙果实蝇防治总队为日常业务管理事宜给西湖乡第五分队的通知等 9-1-162（29）

23

一四五

16/9

柑橘產區果園概況調查表整理辦法

一、利用工作閒暇，將已調查之表格，加以整理，使以後統計分析時，可減少無數麻煩，並可獲得較正確之結果。

二、如過去是用鉛筆填寫者，於整理時務請用鋼筆楷書填寫，

三、如發現初次填寫之結果有疑問者，整理時務請校正或重新向原被調查之果農調查。

四、表中之「面積」，如過去因調查方便，以「石」作單位者，則請於整理時，按當地之折合量折為「市畝」，以減少統計分析時重新折合之麻煩，影响公佈調查結果之時間。

五、表中所填寫之單位，如有與表格所註明規定之單位不符者，請折合為規定之單位。

六、表中如有模糊不清或潦草者，請清晰填寫，改用楷書

七、如有過去因被調查者對調查發生懷疑而無法獲得答案之項目，現在因果農對本隊之了解業已好轉，敬希利用時間補查，以獲得過去未獲得之材料，填入表內，

八、如有疑問，祈速來信詢問。

九、此項整理工作應於報出主要工作有餘暇時辦理之。如報出工作尚忙，可緩作或暫時不作。

一九四九年七月至十月华西实验区甜橙果实蝇防治总队为日常业务管理事宜给西湖乡第五分队的通知等　9-1-162（30）

24

中華平民教育促進會華西實驗區甜橙果實蠅防治總隊通知

事由：為催繳果園位置調查表及果園位置圖由

受文者：第五分隊

查果園位置調查表及各鄉果園位置圖業經[illegible]該隊依限繳送總部在案茲以該項圖表亟待[illegible]即日將該項圖表繳送總部俾便整理相應通知即希查照為荷

總領隊　李煥章

已制卡

附各隊應繳各項圖表列表如後（✡號代表應繳圖表符號）

隊別＼圖表類別	果園位置調查表	去年果實蠅為害百分表	果園位置圖
第一分隊		✡	
第二分隊	✡	✡	
第五分隊	✡	✡	
第六分隊		✡	
第七分隊		✡	
第十分隊		✡	
第十一分隊	✡	✡	✡
第十二分隊	✡	✡	✡
第十四分隊	✡	✡	✡
第十五分隊	✡	✡	
第十六分隊	✡	✡	
第九分隊			✡

一九四九年七月至十月华西实验区甜橙果实蝇防治总队为日常业务管理事宜给西湖乡第五分队的通知等 9-1-162（31）

一四七

中華平民教育促進會華西實驗區甜橙果實蠅防治總隊通知

事由：為催繳工作旬報及對已報各隊所提建議指復由

受文者：第五分隊

一、查順江、仁沱、董泊、高歇、崇興、和平、賈嗣、廣興、五福、蓁江、永豐等十一分隊工作旬報均已閱悉，惟尚有真武、西湖、馬鬃、杜市、先峰、高平六分隊尚未填報，希從速補報為要。

二、今後各隊工作旬報表必須及時逐項填報，請勿拖延，以求全隊工作步調協一。

三、各隊所提問題及建議，均屬寶貴之經驗，茲簡復如後：

1. 請催專署及縣府以政令協助防止散兵游勇糟蹋果園事——已辦。

2. 各鄉果農組織備案事——各隊轉呈縣府，均經函白沙縣催辦，在未核復前各鄉可先開展工作，蓋專署暨縣府早已令令各鄉行政人員服從本隊之指導。

3. 各隊有人力素質之困難——即派江津高農畢業生來各隊實習，每隊三人，希各隊同志誘導勉為其難，並希各該人員到隊後各分隊應予良好之工作模範，以奠定本區今後工作之良好風氣。

4. 米貼希望於每月初發給——華西實驗區總會每月中旬發款，本隊……

一九四九年七月至十月华西实验区甜橙果实蝇防治总队为日常业务管理事宜给西湖乡第五分队的通知等　9-1-162（32）

[illegible]
暨區隊長直接領導向總隊部負責，總隊部則定期派員督導並訪各區分隊，聯絡員加強上下聯繫，區隊聯絡員每旬來總隊部時應携來各分隊工作報告及困難，以便及時解決，總隊人力所限，請諒解事實上之困難。

6，仁沱隊盼總隊多關照同學健康及福利——總隊部從未忽視此事，不悉該隊所提之具体事實為何，想同學均有自治能力，必能困難互助。

7，摘果殺蛆站之選定分各鄉工作區域之劃分問題——殺蛆站不必依照行政區劃，應根據自然環境與果園分佈而定，各隊應努力輔導果農組織，發揮力量從事防治業務，而以示範果園為工作重心。

8，為要激防治工作，盼函縣府行政人員分鄉巡察督導，并飭各鄉長填報本鄉防治工作旬報——此建議極佳，已照辦，此項工作旬報應由本隊各分隊長或經隊簽章証明。

9，盼派發工具如指南針、鐵鑿、噴霧器及其他害虫殺虫劑——工具限於經費無法購備，請向農家暫借，其他害虫俟能以本隊現有準備之藥品與方法推廣農家應用。

四、相應通知，即希查照！

總領隊　李煥章

一九四九年七月至十月华西实验区甜橙果实蝇防治总队为日常业务管理事宜给西湖乡第五分队的通知等 9-1-162（33）

一五二

28/9

中华平民教育促进会华西实验区甜橙果实蝇防治总队 通知

事由：为本队于十月廿六日在乡建学院举行甜橙果实蝇防治工作展览由

受文者：第五分队

查本队此次来津各工作队员于炎暑烈日下不辞艰辛从事服务，现已获得地方农民一致之好评。本队为明了工作效果之经过及使各队员对全部工作能有整个认识，藉以检讨而为来日之借镜，并使院内外人士详悉本队之工作情形计，拟于乡建院校庆日（十月廿六日）在院内举行甜橙果实蝇防治队工作展览，请各队参照后列各点搜集资料，以表现各队之工作成绩：

一、展览内容

（1）照片——由总队部统筹，各队如有自行拍摄者请一并展览

（2）漫画——各队员中如有兴趣者请尽量以实地材料绘出之

（3）统计图表——除由总队部缮绘外，各队亦尽可能自行绘制以求

（4）评鉴各乡之分别情形

（5）略图——除总队提晒蓝图外，各队亦可独出心裁自行绘制

（6）标本

（7）地方馈赠之纪念品

一、在展

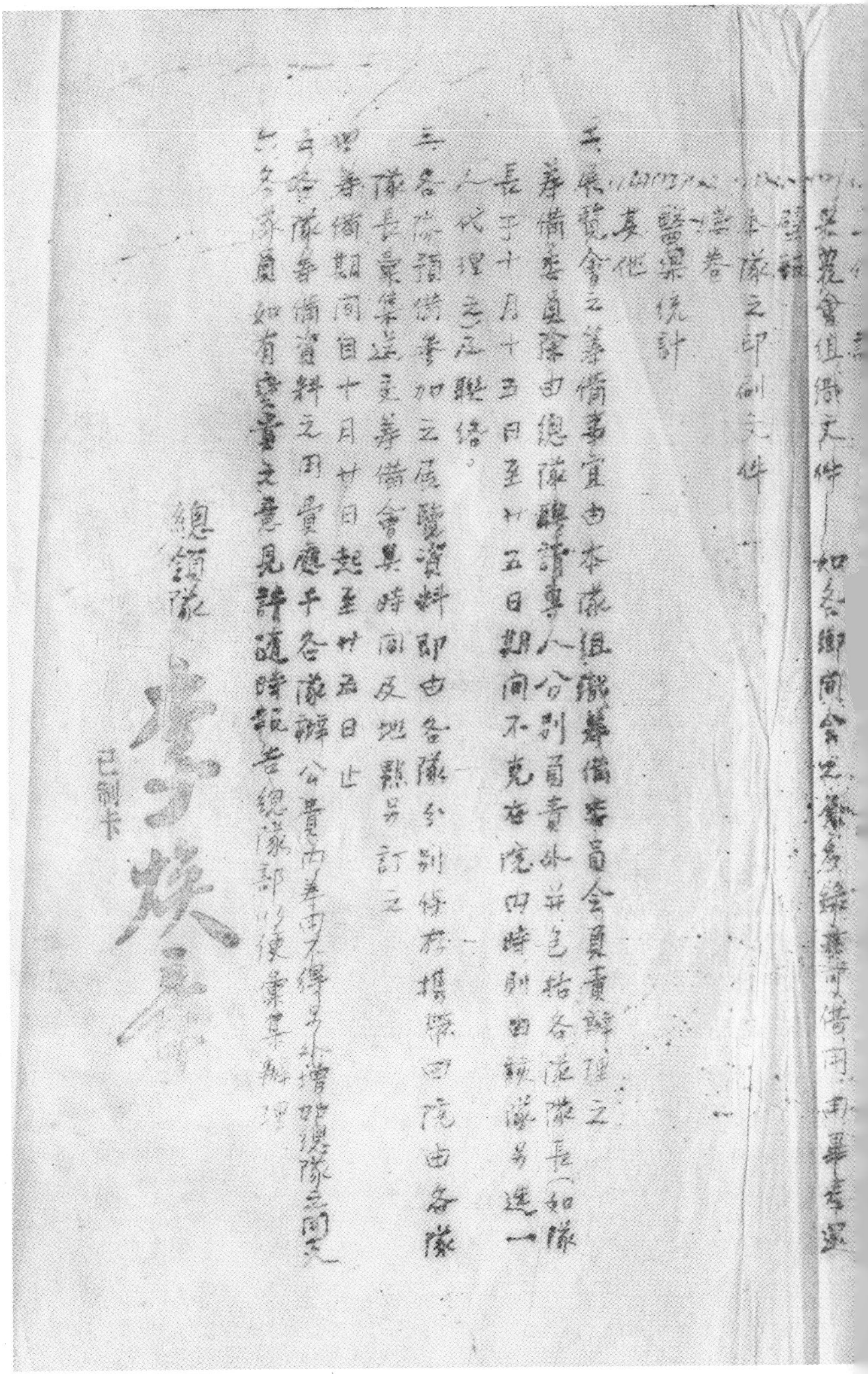

……展覽會組織文件——如各鄉開會之記錄務請寄備用，用畢寄還
壁報
本隊之印刷文件
檔卷
醫藥統計
其他
三、展覽會之籌備事宜由本隊組織籌備委員會負責辦理之，籌備委員除由總隊聘請專人分別負責外，並包括各隊隊長（如隊長于十月十五日至廿五日期間不克在院內時，則由該隊另選一人代理之）以聯絡。
三、各隊預備參加之展覽資料即由各隊分別保存，攜帶回院，由各隊隊長彙集送交籌備會，其時間及地點另訂之。
四、籌備期間自十月廿日起至廿五日止。
五、各隊籌備資料之用費應于各隊辦公費內開支，不得另外增加總隊之開支。
六、各隊員如有寶貴之意見，請隨時報告總隊部，以便彙集辦理。
總領隊 李煥章
已制卡

一九四九年七月至十月华西实验区甜橙果实蝇防治总队为日常业务管理事宜给西湖乡第五分队的通知等 9-1-162（34）

27

一五三

中華平民教育促進會華西實驗區總辦事處（通知）（　　）本

事由：核發專款購置示範果園所用殺蛆石灰

受文者：第五分隊

據報需用生石灰一六〇〇斤用於十六殺蛆坑請速撥款按總隊部第四次會議決議殺蛆石灰只供示範果園之用故該隊所請撥發殺蛆石灰款項不能超此範圍今按六坑，每坑石灰一百斤計算共需石灰六〇〇斤合價叁元柒角伍分交由聯絡康廷方帶來收訖後希具正式收據報部存查

總領隊　李焕章

說明
（一）此公文紙「通知」「報告」「公函」「代電」均可用
（二）第一個大（ ）內係寫文別如「通知」「報告」「代電」等
（三）第二個小（ ）內係寫「正」本或「副」本
（四）正本給受文者……

一九四九年七月至十月华西实验区甜橙果实蝇防治总队为日常业务管理事宜给西湖乡第五分队的通知等　9-1-162（35）

一九四九年七月至十月华西实验区甜橙果实蝇防治总队为日常业务管理事宜给西湖乡第五分队的通知等 9-1-162（36）

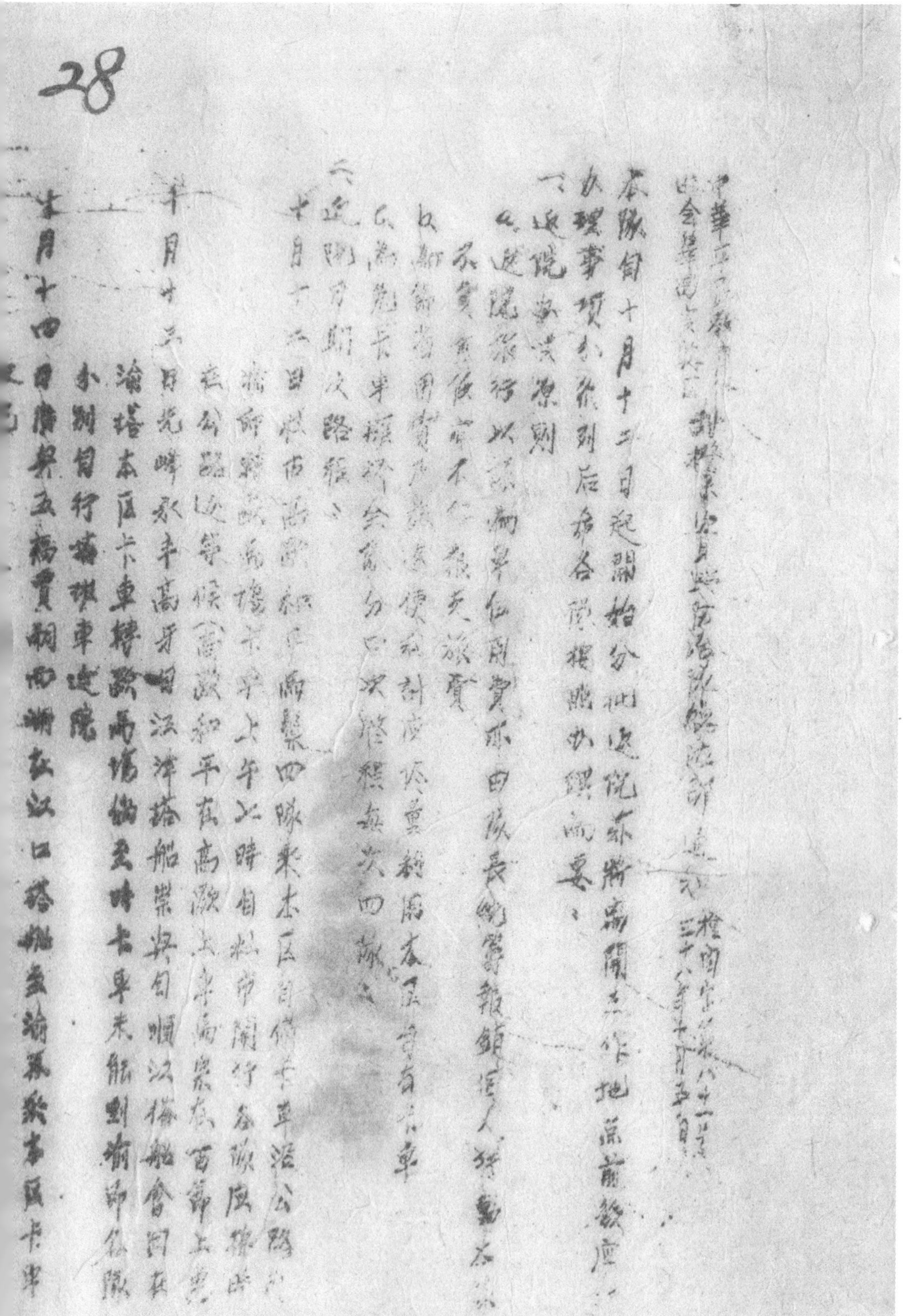

一九四九年七月至十月华西实验区甜橙果实蝇防治总队为日常业务管理事宜给西湖乡第五分队的通知等　9-1-162（37）

本區卡車返院

三、各返院大隊由總隊派專人一人為行導長，由各隊隊長及聯絡協助理鐵路上旅行事宜

1、人和、廣柳、馬隊——行導長周澤基　聯絡李慎
2、西來、高集隊——行導長陳慕輝　〃〃黃德強
3、廣豐、寶西隊——行導長李寅鼎　〃〃曾永斌
4、清貴、石順隊——行導長袁夏文群　〃〃宋長芳

四、各隊臨留工作地點，前同按照本總隊橙區第六七號通知所指定事項

五、各隊撤退時由分隊長或其代理人將經手領用之物交還行導長，並由行導長點收具收據存執，計開應交還之物品

1、保護箱（剩餘藥品）溫度計及剪刀，如有遺失或損壞，經手人照價賠償

2、采集標本用具及所採標本

3、調查表格（已用未用均須交回）　4、帆布袋及水壺

5、工作日記　6、工作總報告

7、函表（配各隊自置文書表均請保存案交）

六、各隊經手款項統限十月十日前按照總隊部指定之手續辦理

甜橙果實蠅防治……不能多行報銷，並由各隊隊長負責徵選……

一九四九年七月至十月华西实验区甜橙果实蝇防治总队为日常业务管理事宜给西湖乡第五分队的通知等　9-1-162（38）

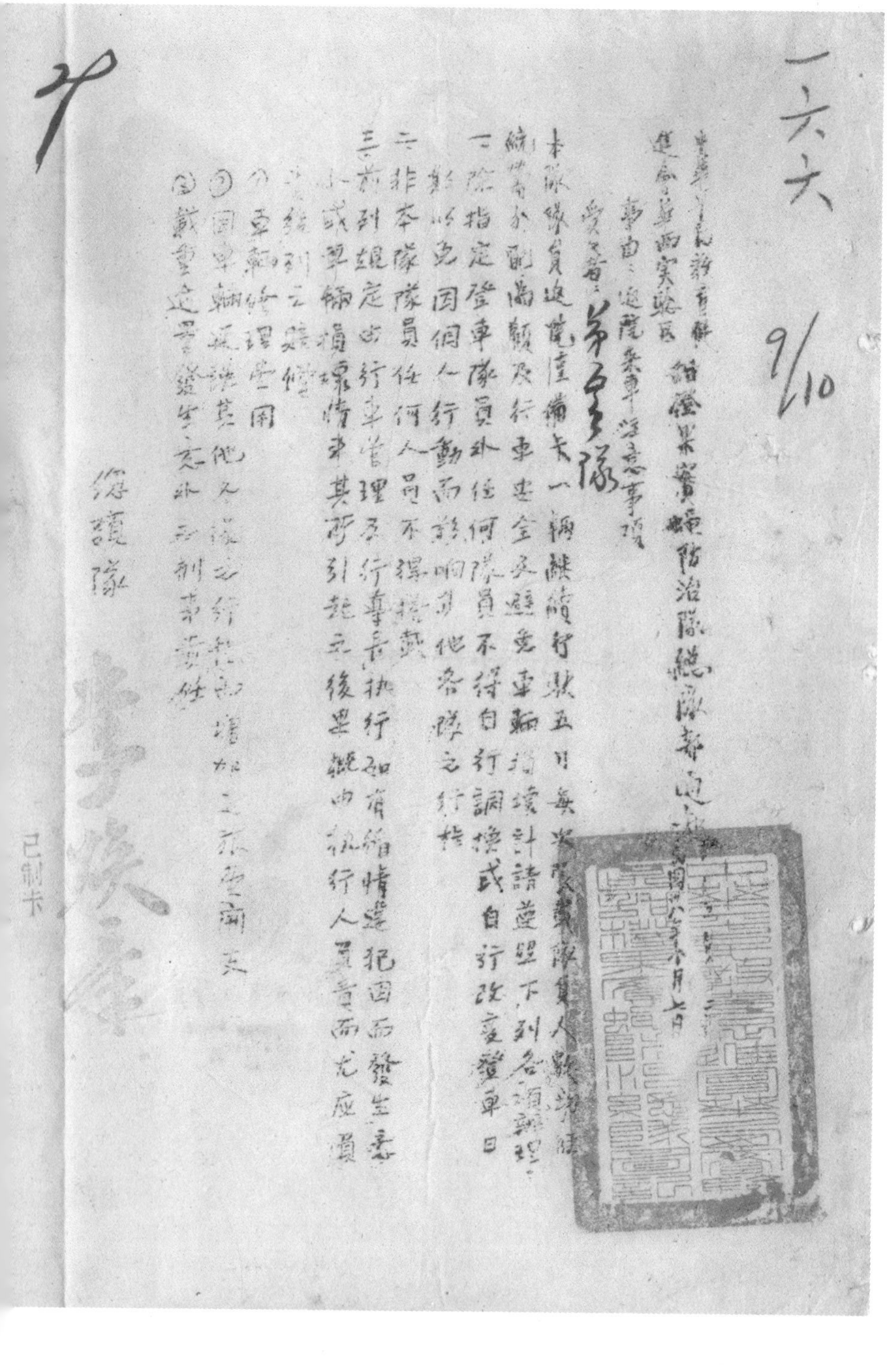
受文者：第五分队
一、除指定登车队员外任何队员不得自行调换或自行改变登车日
二、非本队队员任何人员不得搭载
三、前列规定由行车管理员行车长执行

一九四九年七月至十月华西实验区甜橙果实蝇防治总队为日常业务管理事宜给西湖乡第五分队的通知等　9-1-162（39）

30

一六七　9/11送[illegible]第五分队

本队为推进会务，兹将人员及其所负任务如后，希即查照

1、总负责人——[illegible]

2、总务——[illegible]——杜志三　李中和　黄[illegible]

3、资料整理及[illegible]——廖[illegible]　李[illegible]　康廷方　曾永[illegible]

4、标本——刘[illegible]　赵德隆

[illegible]

7、如各组人手不敷用时，请各组自行选派本队队员参加

8、各组所制壁报如因损坏亦请保存，[illegible]一切资料亦请收集保存

9、以上各组工作均请同志协力进行

总领队

一九四九年七月至十月华西实验区甜橙果实蝇防治总队为日常业务管理事宜给西湖乡第五分队的通知等 9-1-162（40）

中華平民教育促進會華西實驗區總辦事處（　）（　）（　）本

事由：派初級導農人選由

受文者：西湖隊

茲派李良康仝志前往[illegible]轉運聯絡諸事宜。廣畏五祜賈嗣西湖四隊行導長已商請譚明初先生担任，即希查照。

指導隊

已制

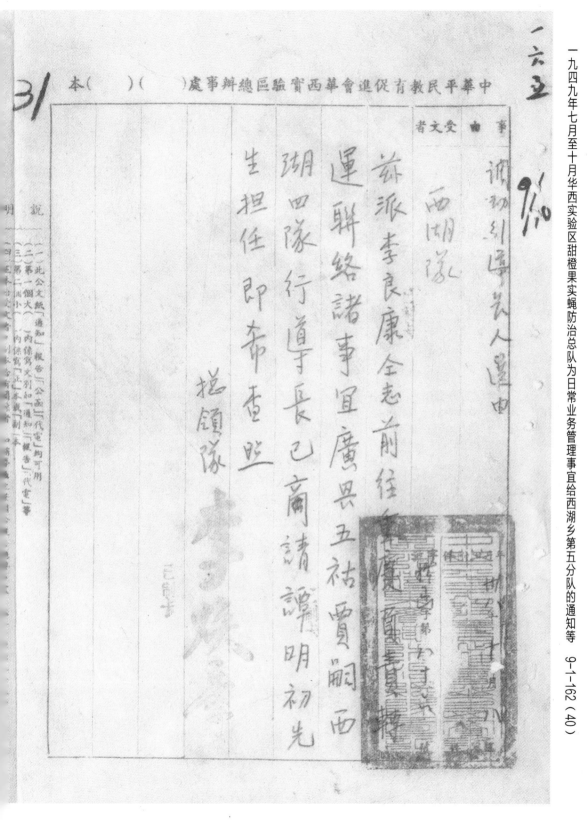

說明
（一）此公文紙「通知」「報告」「公函」「代電」均可用
（二）第一個大（ ）內係寫文別如「通知」「報告」「代電」等
（三）第二個小（ ）內係寫「正」本或「副」本
（四）……

一九四九年七月至十月华西实验区甜橙果实蝇防治总队为日常业务管理事宜给西湖乡第五分队的通知等　9-1-162（41）

32

中华平民教育促进会华西实验区 甜橙果实蝇防治总队 通知

橙五字第八八号　民国三十八年

事由：为送交调查表格由

受文者：第五分队

查调查工作业已结束，本月廿六日举办之展览会，亦需是项材料，现为加紧分析，希各队速将全部已填写之调查表格，务于本月廿日内送交本队，并于送交表格时，将：

①当地度量衡与市量之折合表

②调查时之单位（每元能购之斤数）来历。

③全乡精确之果农、各户及株数、

④各项整理表格之折合率（例如水稻每市亩产好多石，柑子用每日折合数，肥料每单位之折合数等）一併拿交为荷

总队

华西实验区甜橙果实蝇防治总队为日常业务管理事宜致西湖乡第七分队通知　9-1-162（137）

中華平民教育促進會華西實驗區甜橙果實蠅防治總隊通知

橙西字第　號　卅八年六月十五日于真武

事由：為催繳工作旬報及對已報各隊所提建議簡復由

受文者：第七分隊

一、查順江、仁沱、土泊、高歇、崇[illegible]、和平、賈嗣、廣興、五福、綦江、永豐等十一分隊工作旬報均已閱悉，惟尚有真武、西湖、馬鬃、杜市、先峯、高牙六分隊尚未填報，希從速補報為要。

二、今後各隊工作旬報表必須依時逐項填報，請勿拖延，以求全隊工作步調協一。

三、各隊所提問題及建議均屬要貢之經驗，茲簡復如後：

1. 請催專署及縣府以政令協助防止散兵游勇糟蹋果園事——已辦。

2. 各鄉果農組織備案事——各隊轉呈縣府均係即日送縣催辦，在未核復前各鄉可先開展工作，蓋專署暨縣府早已令各鄉行政人員服從本隊之指導也。

3. 各隊有人少事繁之困難——即派江津高農畢業生來各隊實習，每隊三人，希各隊同志時時勉為其難，並希各該人員到隊後，各分隊應予良好之工作模範，以奠定本區今後工作之良好風氣。

4. 米貼希望於每月初發給——華西實驗區係每月中旬發款，本隊

华西实验区甜橙果实蝇防治总队为日常业务管理事宜致西湖乡第七分队通知　9-1-162（138）

[illegible]
暨区队长直接领导向总队部负责，总队部则定期派员督导并于各区分
队联络员加强上下联系。区队联络员每向来总队部时应携来各分队工作报
告及困难，以便及时解决。总队人力所限，请谅解事实上之困难。
6. 仁沱队于总队多关照同学建议及福利——总队部从未忽视此事，本意该
队所提之具体事实为何，想同学均有自治能力，必能困难互助。
7. 摘果杀蛆诸之选定，为各乡工作区域之划分问题——杀蛆诸不必依照行政区
划，应根据自然环境与果园分布而定，各队应努力辅导果农组织发挥力量
从事防治业务，而以示范果园为工作重心。
8. 为要激防治工作，于函县府行政人员分组巡察督导并饬各乡长填报本乡防
治工作旬报——此建议极佳，已照办。此项工作旬报应由本队各分队长或分队负责签章证明
9. 于添发工具如指南针、铁鉴、喷雾器等，及其他虫害杀虫剂——工具限于经费
无法购备，请向果农家暂借。其他虫害仅能以本队现有准备之药品方法推广，
农家应用
四、相应通知即希查照。

总领队　李焕章

一九四九年八月至十月华西实验区甜橙果实蝇防治总队给各分队通知等　9-1-195（43）

事由　以送調查表格由

受文者　△△分隊

十日

函　查調查工作業已結束，本月廿六日本隊第[redacted]擴填寫之展覽會，亦須有以資材料，現正加緊分析，並希各隊速將全部已調查表格，並於五日內送至本隊。（並送表格時[redacted]併同需如試驗營業之衛生調查表②調查時之單位（每之經購之果樹數）及采伝③全鄉精確之果實產量表冊及標數。(1)各隊整理表格之折合率（例如水稻每市畝產量好多市石[redacted]，故之分量用每日折合數，地點每單位之折合數等）一併彙送爲荷。

分隊

[redacted]

總隊

十日

發文

43

一九四九年八月至十月华西实验区甜橙果实蝇防治总队给各分队通知等　9-1-195（46）

46

十月四日

八十二号

（副件通知各队）

通知各分队长及分队车管理杜杰三

本队此次队员返院，仅备车一辆继续行驶五日，每次装载队员人数均系任统筹分配，为顾及分车安全及避免车辆损坏计，请遵照下列各项办理：

一、除指定登车队员外，任何队员不

得自行调换或自行改变乘车
日期以免因个人行动而影响其
他团体之行程
二、非本队之员工任何人员不得搭载
前列款之由行车管理处行车长执行
三、如有循情违犯因而发生意外或
车辆损坏情事其所行延之后果
概由执行人员负责而尤应负责下列之赔偿
①车辆修理费用
②因车辆迟误其他各队之行程而增加之
旅费开支
③载重过量发生意外之刑事责任。

总指导队
李 8/8

一九四九年八月至十月华西实验区甜橙果实蝇防治总队给各分队通知等 9-1-195（52）

中華平民教育促進會華西實驗區總辦事處（通知）稿

事由	為即行準備殺蛆工作由
受文者	各分隊
年月日	卅八年 九月 十日發
附件	
字號	橙五字第〇〇號

一、查各分隊調查工作即將完成，拾摘蛆柑及殺蛆之準備工作亟應開始……

核判

核稿

擬稿

副本　份送

一九四九年八月至十月华西实验区甜橙果实蝇防治总队给各分队通知等 9-1-195（53）

53

一、氯化苦之分配與推廣辦法（掌與閔）

氯化苦之數量有限，不敷完全需求，公允希只用於示範果園[redacted]許有特殊情形得由各分隊酌量辦理［行間添注：系係僅供示範 供應 大各隊所領用於示範果園有特殊情形］

二、[redacted]現用氯化苦對流膠病現象（具體）［行間添注：應用後 多用于…公園户］

對於實用氯化苦與流膠現象是否有相關，不敢確定，盼各隊用藥時以差少為原則，並應將藥液入樹幹之木質部或可補砌危之，並將隨時將施藥後之情形記載報告。

三、公用救蛆坑之材料佃責何人負擔

原則為各隊因地制宜，總隊無法津貼，由鄉公所徵税與辦亦非妥善方法，茲介紹真武園藝生產促進會之方法，以供各隊參考。

1. 公用救蟲坑為公共救蛆之用，掘坑人工由坑所在地之保代表徵集會員[redacted]可用材料由坑所在地之園户負擔，救蛆之後此坑則專供該園户使用。

四、摘果期請縣府下命協助，以俾利於工作。

摘果合先以公約為準，隨自隨，然後縣府方面當由隊（縣）公函希其協助……

一九四九年八月至十月华西实验区甜橙果实蝇防治总队给各分队通知等　9-1-195（54）

五、增加各队工作人员

现正与县府接洽试用民教主任，不日即可到达。

关于此点，本队希望早日，因为时间及其他关系目前无法动理，已拟具计划交由辅导区辅导防治。

七、现由总队发出摘果情况统计表一种，希各队分别将摘果日期填明。

八、果树株数及坏柑百分比亦有未交总队者，希速分户填照寄回。

油印分发各队

附摘果调查情况统计表

54

由字第二四八号

卅八、九、廿日

通知各分队 为严禁出售烟柑或青柑由

查近来园内烟柑已满，渐呈黄色，各队应及时向所督促果农拣摘销毁外，并应注意严禁墟场日期携带青柑或烟柑入市求售，或对贩商、流贩、贩来一概严禁。遇有上项事件发生，对该队应劝导携果人说明利害，并将所携果实，送至乡公所及果农会，当众销毁，并请果农会据照

一九四九年八月至十月华西实验区甜橙果实蝇防治总队给各分队通知等　9-1-195（56）

防治公约予以严办，此项禁止工作縣府

迭有佈告，已有法律根據，希各隊切实

督促果农会员彻底执行为要

總隊長 李○○

璧山四寶閣文具印刷社督印製

一九四九年八月至十月华西实验区甜橙果实蝇防治总队给各分队通知等 9-1-195（57）

通知

为转发第三分队教育办法由

续发通知各分队 筆 卅九 廿九

橙总字第七九号

据第三分队报告该队已于九月二十四日分组驻各防治区工作，得朝夕与农民相处，随时指导摘果杀蛆等工作，并于闲暇施以教育，办法有独到之处，可供其他分队观摩用，特通知各分队参照为要 此致

各分队

以示

三分队工作

附办法

55

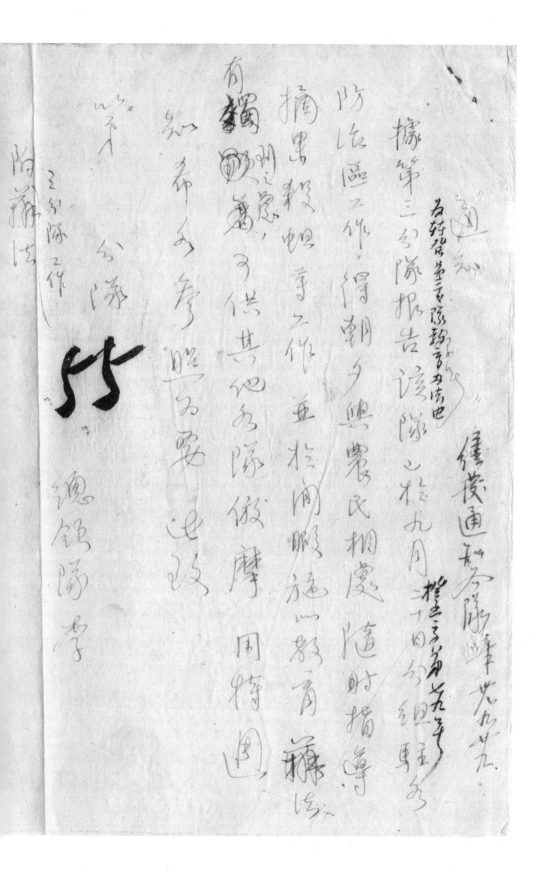

总领队李

56

(附)辦法：

一、將全鄉按地理環境及果樹分佈情形劃成幾個防治區，多寡因地域大小及隊員多少而異，總以便利工作進行為原則。

二、每區駐兩人或一人，負責該區內一切工作。

三、住處選示範果園等對我工作極心之農家或廟宇祠堂等公地，伙食可搭農家伙食或自做。

四、凡從外表能斷定其為蛆柑者，即從早摘除，以免消耗果樹養分，為順利計，從對我們工作了解之農家開始。

五、採果勞力採「搭括路」制，第一日甲乙幫丙摘，隔日乙丙幫甲摘，最後甲丙幫乙摘，如此集中勞力，為順次將各果園蛆柑摘盡，我隊員更可領導，鼓勵，增加

一九四九年八月至十月华西实验区甜橙果实蝇防治总队给各分队通知等 9-1-195（59）

57

農人興趣

六、利用夜間對農民施以教育，教其識字，並灌輸其他知識。

一九四九年八月至十月华西实验区甜橙果实蝇防治总队给各分队通知等 9-1-195（60）

58

印廿份

通知各队

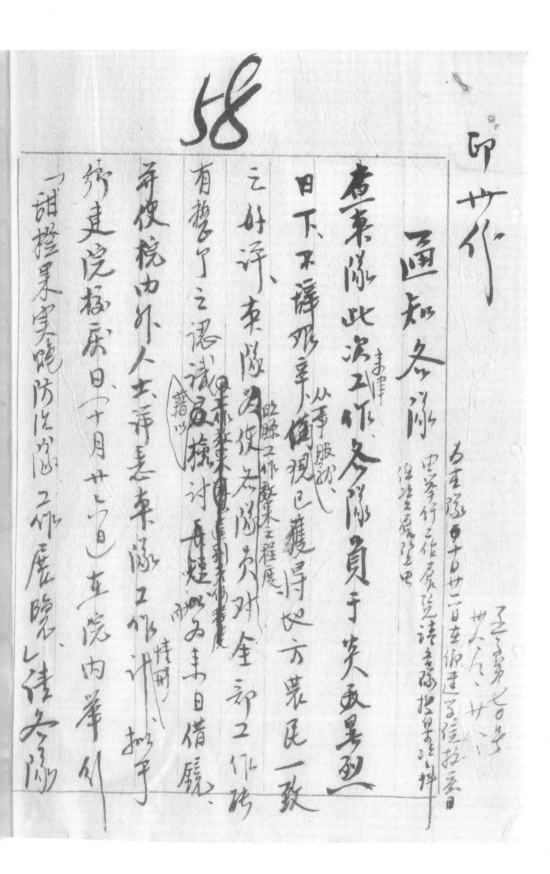

查本队此次工作，各队员于炎暑烈日下，不辞艰辛，从事服务，现已获得地方农民一致之好评。本队为使各队对全部工作有整个之认识及检讨，并使院内外人士详悉本队工作情形，拟于乡建院校庆日（十月廿二日）在院内举行「甜橙果实蝇防治总队工作展览」，仰各队

一九四九年八月至十月华西实验区甜橙果实蝇防治总队给各分队通知等　9-1-195（60）

参照以列各项搜集资料以表明各分队之工作成绩：

（一）展览内容

一、照片——由总队统筹，各队如有自行拍摄者，请一併展览

二、漫画——各队员中如有画趣者，请尽量以实地材料绘画之。

三、统计图表——除由总队统筹绘外，各队亦应尽可能自行绘制

四、地图——除总队选绘之图外，各队每可独出心裁自行绘制，以求详尽各乡之分别情形

五、标本

六、地方总结之纪念品

七、工作报告

八、工作日记

九、农会组织文件

李庄、借用用具、农会联系与各乡农会之

十、壁报

十一、专刊

十二、印刷文件

十三、档表

十三、汇集统计

十四、生活情形——应尽量利用图表表示各队生活情形，但须避免过于虚（空），各队员在生活中之趣事……

59

（二）展览会之筹备事宜由本队组织筹备委员会负责办理之。筹备委员会由总队聘请专人分别~~李专员书农主席杜傑仁~~负责外，并包括各队队长（各队长于十月十七日至廿四日期间不克在院内时，则由该队另选一人代理之）及联络、

（三）各队预备参加之展览资料，即由各队分别保存，携带回院，由各队队长（于廿日集运交筹备会，其时间及地点另订之）

（四）筹备期间自十月廿日起至廿四日止、

一九四九年八月至十月华西实验区甜橙果实蝇防治总队给各分队通知等　9-1-195（62）

（五）各队筹备资料之用费用应于各队办公费内筹用，不得另外增加总队之开支

（六）各队负责有宝贵之意见请随时报告总队，以便汇集办理

总队　李　8 10

一九四九年八月至十月华西实验区甜橙果实蝇防治总队给各分队通知等 9-1-195（63）

复写分寄各队

查本队此次来乡工作，一切住宿（厨房）饮食（炊）（程序字第二三号）同保多系向地方人士情借，以开展工作便，自在意中。迭据有少数分队长期寄搭宿客，不但队员不便，抑且予地方人士不良印像。兹特规定：自即日起，各队除本队工作人员外，不得寄住宿客。其因交通不便往来过客必须寄宿者，亦仅以一日夜为限，不得久住。由各分队之长（经队长）执行监督。~~如有违犯者~~ 仰各队员自重自爱，遵守团体规约为要。

德欣队长 卅八.八.廿三

一九四九年八月至十月华西实验区甜橙果实蝇防治总队给各分队通知等　9-1-195（64）

中華平民教育促進會華西實驗區……稿

事由：爲通知本隊工作决定至十月十五日由

受文者：各區分隊

查各隊第二期工作均將如期完成，茲值第三期工作伊始，因本隊今年天旱，甜橙生長緩慢，爲竟全功計，經决定將本隊工作時間延長本月至十月十五日結束。相應通知，即希查照爲荷。

總隊長　李

年月日：38年9月13日發

字號：橙通字第20號

核判：李

擬稿：邱

61

一九四九年八月至十月华西实验区甜橙果实蝇防治总队给各分队通知等 9-1-195（68）

事由：為催繳果園位置調查表及各果園位置圖由

橙字第83號

卅八、九、十三日

查果園位置調查表及各鄉果園位置圖業經橙字第四三號通知該隊依限繳送總部在案，茲以該項圖表亟待彙總整理，希於文到即日將該項圖表繳送總部，俾便整理。相應通知，即希查照為荷。

總領隊 章

卅八、九、十三

65